自动化测试
主流工具
入门与提高

51Testing 软件测试网◎组编
51Testing 教研团队◎编著

人民邮电出版社

北京

图书在版编目（CIP）数据

自动化测试主流工具入门与提高 / 51Testing软件测试网组编；51Testing教研团队编著. -- 北京：人民邮电出版社，2020.4
ISBN 978-7-115-52578-9

Ⅰ. ①自… Ⅱ. ①5… ②5… Ⅲ. ①软件工具－自动检测 Ⅳ. ①TP311.5

中国版本图书馆CIP数据核字(2019)第250642号

内 容 提 要

本书共 5 章，分别讲解了开源的 Web 自动化测试工具 Selenium，基于 Java 的压力和接口测试工具 JMeter，单元测试中的 JUnit 测试框架和 JMock 工具，用于移动端的自动化测试工具 Appium，以及 Appium 测试框架的搭建。

本书适合测试人员和开发人员阅读，也可供相关专业人士参考。

◆ 组　　编　51Testing 软件测试网
　　编　　著　51Testing 教研团队
　　责任编辑　谢晓芳
　　责任印制　王 郁　焦志炜

◆ 人民邮电出版社出版发行　北京市丰台区成寿寺路 11 号
邮编　100164　电子邮件　315@ptpress.com.cn
网址　http://www.ptpress.com.cn
固安县铭成印刷有限公司印刷

◆ 开本：800×1000　1/16
印张：13.5　　　　　　　　　2020 年 4 月第 1 版
字数：247 千字　　　　　　　2025 年 2 月河北第 27 次印刷

定价：55.00 元

读者服务热线：(010)81055410　印装质量热线：(010)81055316
反盗版热线：(010)81055315

前　言

为什么写本书

当我们熟悉了手工测试之后，为了提升测试效率，就会需要使用自动化测试工具来代替人进行测试。因此，本书针对目前测试工作中较常见的 Web 测试和 APP 测试分别讲解了 Web 的自动化测试与性能测试，以及 APP 的自动化测试。

本书内容

本书共 5 章。每一章的主要内容如下。

第 1 章介绍了一款广泛使用的开源 Web 自动化测试工具——Selenium。同时，该章还详细讲解了 Selenium 的录制工具 Selenium IDE、WebDriver 实例开发和 JUnit 框架。

第 2 章介绍了基于 Java 的压力和接口测试工具——JMeter。JMeter 也是一款开源的工具，并且能够实现收费的性能测试工具 LoadRunner 95%以上的功能。因此，对于需要进行性能测试的中小型软件公司来说，JMeter 是一个十分理想的选择。

第 3 章讲述了单元测试中面向对象的概念，针对 JUnit 测试框架在 Selenium 的基础上又进一步给出了详细的实例。该章还讨论了 JMock 驱动和桩，并且通过实例来演示 Mock 对象的使用。

第 4 章讨论了一款针对 iOS 和 Android 平台的自动化测试工具——Appium。Appium 支持 Python 和 Java，非常实用，是移动端的主流自动化测试工具。该章是基于 Python 进行讲述的。该章详细介绍了 Appium 环境的搭建、元素的定位、Appium 常用操作和 yaml。

第 5 章阐述了 Appium 测试框架的搭建，主要内容包括框架整体说明、Logging 模块、PageObject 设计模式、框架的实现。

读者对象

本书适合软件测试人员和开发人员阅读，要求读者具有软件测试的基础知识并且能够熟练编写手工测试用例。

学习成果

通过对本书的学习，读者不仅可以掌握 Web UI 自动化测试和性能测试的方法，还可以精通 APP 自动化测试脚本的开发和测试框架的使用。

作者简介

51Testing 软件测试网是专业的软件测试服务供应商，为上海博为峰软件技术股份有限公司旗下品牌，是国内人气非常高的软件测试门户网站。51Testing 软件测试网始终坚持以专业技术为核心，专注于软件测试领域，自主研发软件测试工具，为客户提供全球领先的软件测试整体解决方案，为行业培养优秀的软件测试人才，并提供开放式的公益软件测试交流平台。51Testing 软件测试网的微信公众号是"atstudy51"。

服务与支持

本书由异步社区出品，社区（https://www.epubit.com/）为您提供后续服务。

提交勘误

作者和编辑尽最大努力来确保书中内容的准确性，但难免会存在疏漏。欢迎您将发现的问题反馈给我们，帮助我们提升图书的质量。

当您发现错误时，请登录异步社区，按书名搜索，进入本书页面，单击"提交勘误"按钮，输入勘误信息，单击"提交"按钮即可，如下图所示。本书的作者和编辑会对您提交的勘误进行审核，确认并接受后，您将获赠异步社区的 100 积分。积分可用于在异步社区兑换优惠券、样书或奖品。

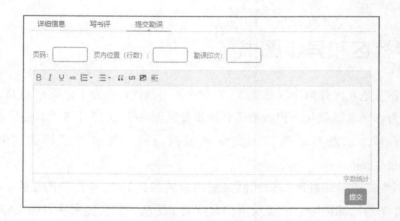

扫码关注本书

扫描下方二维码，您将会在异步社区微信服务号中看到本书信息及相关的服务提示。

与我们联系

我们的联系邮箱是 contact@epubit.com.cn。

如果您对本书有任何疑问或建议,请您发邮件给我们,并请在邮件标题中注明本书书名,以便我们更高效地做出反馈。

如果您有兴趣出版图书、录制教学视频,或者参与图书翻译、技术审校等工作,可以发邮件给我们;有意出版图书的作者也可以到异步社区在线提交投稿(直接访问 www.epubit.com/selfpublish/submission 即可)。

如果您所在的学校、培训机构或企业想批量购买本书或异步社区出版的其他图书,也可以发邮件给我们。

如果您在网上发现有针对异步社区出品图书的各种形式的盗版行为,包括对图书全部或部分内容的非授权传播,请您将怀疑有侵权行为的链接通过邮件发送给我们。您的这一举动是对作者权益的保护,也是我们持续为您提供有价值的内容的动力之源。

关于异步社区和异步图书

"异步社区"是人民邮电出版社旗下IT专业图书社区,致力于出版精品IT技术图书和相关学习产品,为作译者提供优质出版服务。异步社区创办于2015年8月,提供大量精品IT技术图书和电子书,以及高品质技术文章和视频课程。更多详情请访问异步社区官网 https://www.epubit.com。

"异步图书"是由异步社区编辑团队策划出版的精品IT专业图书的品牌,依托于人民邮电出版社近30年的计算机图书出版积累和专业编辑团队,相关图书在封面上印有异步图书的LOGO。异步图书的出版领域包括软件开发、大数据、AI、测试、前端、网络技术等。

异步社区

微信服务号

目 录

第 1 章 Selenium 1

- 1.1 准备软件 1
- 1.2 Selenium 简介 1
  - 1.2.1 主要功能 2
  - 1.2.2 各版本和系统之间的关联 2
- 1.3 Selenium IDE 的使用 3
  - 1.3.1 Selenium IDE 的安装 3
  - 1.3.2 Selenium IDE 4
  - 1.3.3 Selenium IDE 入门实例 7
- 1.4 Selenium WebDriver 11
  - 1.4.1 Selenium WebDriver 简介 11
  - 1.4.2 Selenium WebDriver 的安装和配置 12
  - 1.4.3 Selenium WebDriver 入门实例 16
  - 1.4.4 javadoc 简介 19
  - 1.4.5 WebDriver 元素的定位 20
  - 1.4.6 get() 方法的实例 22
  - 1.4.7 关于浏览器的操作方法 23
  - 1.4.8 弹出窗口的切换方法 24
  - 1.4.9 多个元素的选择 27
  - 1.4.10 单个元素的选择 28
- 1.5 JUnit 框架与 WebDriver 30
  - 1.5.1 JUnit 4 30
  - 1.5.2 在 Eclipse 中 JUnit 4 的使用 31
  - 1.5.3 通过模拟鼠标移动显示悬浮的下拉窗体的实例 37
  - 1.5.4 模拟鼠标单击事件 39
  - 1.5.5 使用 javadoc 进行查找 40

第 2 章 JMeter 44

- 2.1 性能测试基础 44
  - 2.1.1 性能的定义 44
  - 2.1.2 性能测试的概念 45
  - 2.1.3 性能测试的分类 45
  - 2.1.4 性能指标 48
  - 2.1.5 性能测试技术要求 49
- 2.2 JMeter 概述 49
- 2.3 搭建 JMeter 环境 51
- 2.4 JMeter 目录结构 53
- 2.5 JMeter 的测试计划及常用元件 53
  - 2.5.1 测试计划 53
  - 2.5.2 线程（用户） 54
  - 2.5.3 测试片段 55
  - 2.5.4 控制器 56
  - 2.5.5 配置元件 57
  - 2.5.6 定时器 58
  - 2.5.7 前置处理器 58
  - 2.5.8 后置处理器 59

目 录

2.5.9 断言……………………………… 59
2.5.10 监听器……………………………… 60
2.6 脚本录制方法……………………………… 61
2.6.1 使用 Badboy 录制……………… 61
2.6.2 使用 JMeter 内置的代理服务器录制……………………………… 64
2.7 JMeter 中元件的作用域与执行顺序……………………………… 70
2.8 JMeter 的参数化设置……………… 72
2.8.1 通过添加前置处理器参数化……………………………… 72
2.8.2 通过 CSV Data Set Config 参数化……………………………… 77
2.8.3 借助函数助手随机参数化……………………………… 79
2.9 设置 JMeter 集合点……………… 80
2.10 设置 JMeter 检查点……………… 82
2.10.1 添加内容检查断言……… 82
2.10.2 添加断言持续时间……… 84
2.10.3 设置断言结果大小……… 86
2.11 设置 JMeter 关联……………………… 87
2.12 JMeter 常用监听器……………… 92
2.12.1 "图形结果"监听器……… 92
2.12.2 "查看结果树"监听器…… 93
2.12.3 "聚合报告"监听器……… 94
2.12.4 Summary Report 监听器… 94
2.13 在非 GUI 模式下运行 JMeter…… 95
2.14 实例 1：使用 JMeter 创建 Web 测试计划……………………………… 97
2.15 实例 2：使用 JMeter 创建 Web Service 测试计划……………………………101

2.16 实例 3：使用 JMeter 创建 JDBC 测试计划……………………………105

第 3 章 单元测试……………………………111
3.1 面向对象编程……………………………111
3.1.1 什么是面向对象……………111
3.1.2 类与实例……………………113
3.1.3 继承…………………………115
3.1.4 接口…………………………116
3.1.5 多态…………………………118
3.2 准备被测程序……………………………120
3.2.1 被测程序的功能……………121
3.2.2 程序概要设计………………121
3.2.3 程序代码实现………………122
3.2.4 开发测试代码………………127
3.3 JUnit 测试框架……………………………129
3.3.1 在 Eclipse 中配置 JUnit…………………………130
3.3.2 使用 JUnit 进行测试………131
3.3.3 JUnit 断言机制……………133
3.3.4 JUnit 各类注解……………135
3.3.5 JUnit 假设机制……………137
3.3.6 JUnit 参数化………………138
3.3.7 JUnit 测试集………………140
3.4 JMock 测试框架……………………………141
3.4.1 驱动和桩……………………141
3.4.2 Mock 对象……………………142
3.4.3 JMock 的特性………………145
3.4.4 使用 JMock 模拟 isNumber 方法……………………………145
3.4.5 使用 JMock 模拟类………147

第 4 章 Appium 开发 ·········· 150

4.1 搭建 Appium 环境 ··········· 150
4.1.1 环境准备 ··············· 150
4.1.2 安装 JDK ············· 150
4.1.3 下载与安装 Android SDK ··········· 153
4.1.4 添加 Android SDK 环境变量 ·············· 155
4.1.5 连接夜神模拟器 ········· 156
4.1.6 安装 Node.js ·········· 157
4.1.7 安装 Python ·········· 158
4.1.8 安装 Appium-desktop ··· 159
4.1.9 安装 .NET Framework ···· 160
4.1.10 检查 Appium 环境设置 ··················· 161
4.1.11 安装 Appium-Python-Client ··············· 161
4.1.12 第一个脚本 ············ 162
4.1.13 Desired Capabilities ······ 168

4.2 定位元素 ················· 172
4.2.1 使用 Appium Inspector 定位元素 ············· 172
4.2.2 使用 UI Automator Viewer 定位元素 ··········· 173
4.2.3 使用 id 定位元素 ········ 176
4.2.4 使用 Appium Inspector 中的 xpath 定位元素 ······ 176
4.2.5 使用 id 和 text 定位元素 ·················· 177
4.2.6 使用 List 定位元素 ······ 178

4.3 Appium 常用操作 ·········· 181
4.3.1 等待元素出现 ············ 181
4.3.2 toast 元素的定位 ······· 181
4.3.3 Appium 屏幕截图 ······· 182
4.3.4 WebView 定位 ········· 183
4.3.5 swipe 方法 ············ 186
4.3.6 手势定位 ··············· 189

4.4 yaml ······················ 191
4.4.1 yaml 支持的数据类型 ···· 191
4.4.2 读取 yaml 数据 ········ 192
4.4.3 配置 yaml ············· 192

第 5 章 搭建 Appium 测试框架 ··· 196

5.1 准备软件 ·················· 196
5.2 框架整体说明 ·············· 196
5.2.1 Appium 框架的组成 ····· 196
5.2.2 框架实现说明 ··········· 197

5.3 Logging 模块 ·············· 197
5.3.1 日志的级别 ············· 197
5.3.2 Logging 模块的组成 ····· 197
5.3.3 使用 Logging 模块过滤输出日志 ··············· 198

5.4 PageObject 设计模式 ······· 198
5.4.1 PageObject 设计模式存在的问题及解决方案 ······· 198
5.4.2 基于 PageObject 设计模式封装架构 ············· 198

5.5 实现框架 ·················· 199
5.5.1 建立项目文件夹 ········· 199
5.5.2 在 base_view 下封装常用方法 ·················· 199

5.5.3	封装常用元素和业务逻辑 …………………… 200		5.5.6	批量生成报告 ………… 204
5.5.4	对测试数据进行封装 …… 203		5.5.7	以批处理方式执行测试 … 205
5.5.5	对测试用例进行封装（以登录功能为例）…………… 203		5.5.8	持续集成（以 Jenkins 为例）………… 205

第 1 章 Selenium

Selenium 是 ThoughtWorks 专门为 Web 应用程序编写的一个验收测试工具。Selenium 支持的浏览器包括 IE、Firefox、Safari 等。框架底层使用 JavaScript 模拟真实用户对浏览器进行操作。

1.1 准备软件

本节介绍要准备的软件。

Selenium IDE 包括以下内容：
- firebug-1.12.8-fx.xpi；
- Firefox_Setup_25.0.1_chs.exe；
- selenium-ide-2.6.0.xpi。

WebDriver 包括以下内容：
- chromedriver.exe；
- geckodriver.exe；
- eclipse.zip；
- jdk-8u121-windows-x64.exe.exe；
- selenium-server-standalone-3.3.1.jar（可从 Selenium 官网下载最新版本）。

帮助文档是 selenium_javadoc。

被测环境是 WAMP+Discuz_X2_SC_UTF8 论坛（可从 WAMP 官网和 Discuz 官网下载）。

1.2 Selenium 简介

下面对 Selenium 的主要功能及版本进行介绍。

1.2.1 主要功能

Selenium 的主要功能如下。

- 测试与浏览器的兼容性——测试应用程序是否能够在不同浏览器和操作系统上正常运行。
- 测试系统功能——创建回归测试以检验软件功能和用户需求，支持自动录制动作和自动生成.NET、Java、Perl 等语言的测试脚本。

1.2.2 各版本和系统之间的关联

Selenium 1.0 是一套完整的 Web 应用程序测试系统，可用于测试的录制（Selenium IDE 负责）、编写与运行（Selenium Remote Control 负责），以及测试的并行处理（Selenium Grid 负责）。Selenium 的核心——Selenium Core 基于 JsUnit，完全由 JavaScript 编写，因此可运行于任何支持 JavaScript 的浏览器上。Selenium 1.0 的原理如图 1-1 所示。

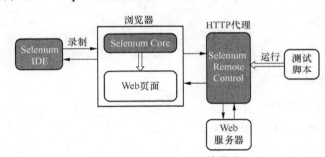

图 1-1　Selenium 1.0 的原理

Selenium 1.0 中组件的功能如下。

- Selenium IDE：Firefox 的附加组件，结合 Firefox 不但可以录制测试脚本，回放脚本，而且可以生成一些基于 Selenium Remote Control 模式的简单代码。
- Selenium Core：整个测试机制的核心部分，即有断言（assertion）机制的测试套件运行器（test suite runner）。它由一些纯 JavaScript 代码组成，可以运行在 Windows/Linux 系统下的不同浏览器中。
- Selenium Remote Control：一个代理与控制端，可代替 Selenium Core/ Selenium IDE 的客户端（相当于通过编程来实现一切），支持多种语言。

和 Selenium 一起出现的还有 WebDriver。WebDriver 和 Selenium 本是两个独立的项目，实现机制也是不同的，但是 Selenium 团队在 Selenium 2.0 中将两者合并，将其命名为 WebDriver。Selenium 2.0 的主要新功能是集成了 Selenium 1.0 及 WebDriver。也就是

说，Selenium 2.0 兼容 Selenium 1.0，它既支持 Selenium API，也支持 WebDriver API。Selenium 2.0 的原理如图 1-2 所示。

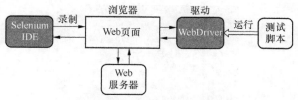

图 1-2　Selenium 2.0 的原理

1.3　Selenium IDE 的使用

Selenium IDE 是 Selenium 的图形化录制、回放工具，虽然易于使用，但是由于只能在 Firefox 浏览器上使用，局限性较大，因此近几年来用得越来越少，逐步被 WebDriver 替代。这里只对其做简单介绍。

1.3.1　Selenium IDE 的安装

Selenium IDE 的安装步骤如下。

（1）下载 Firefox 浏览器，并安装。

（2）在 Firefox 的附加组件中，搜索 Selenium IDE，并安装。

如没有找到相关的组件，则可以从 Selenium 或 Firefox 官网下载。从 Firefox 官网下载 Selenium IDE 插件的方法如图 1-3 所示。

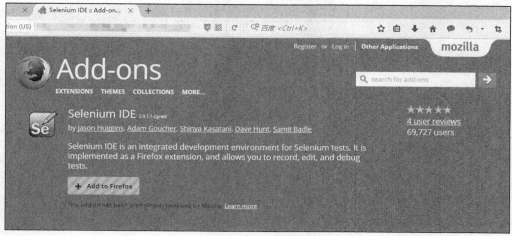

图 1-3　从 Firefox 官网下载 Selenium IDE 插件的方法

（3）重启 Firefox 浏览器，完成安装。在 Firefox 浏览器的"工具"菜单中可以找到 Selenium IDE，如图 1-4 所示。

图 1-4　选择"工具"→Selenium IDE

1.3.2　Selenium IDE

选择 Firefox 浏览器的"工具"菜单中的 Selenium IDE，打开 Selenium IDE。如果安装了 Selenium IDE Button 插件，则还能选择以边栏或弹出窗口来打开 Selenium IDE，如图 1-5 所示。

图 1-5　选择 Selenium IDE 的打开方式

1. 界面的组成

Selenium IDE 的界面如图 1-6 所示。其中，地址栏的 Base URL 表示录制的 URL 地址；Fast/Slow 进度条用于调节回放的速度。Test Case 面板包括所有录制的脚本。

工具栏的按钮的功能如下。

- ▶▤：执行所有的测试用例。
- ▶▤：执行当前选中的测试用例。
- ▥：暂停/恢复。

1.3 Selenium IDE 的使用

- ▢：单步执行选中用例的命令，常用于命令调试中。
- ▢：允许一连串的 Selenium 命令组合成一个动作。
- ●："录制"按钮，Selenium IDE 打开后默认处于录制状态，单击该按钮则取消录制。单击浏览器中的链接，在 Table 下就会产生一条命令。

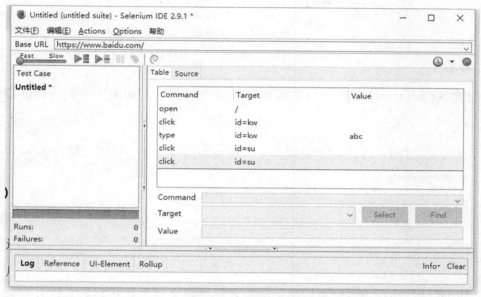

图 1-6 Selenium IDE 的界面

2. 快捷菜单

在 Table 选项卡中选择一条命令并右击，会出现图 1-7 所示的快捷菜单。快捷菜单的功能如下。

- Insert New Command：插入命令。
- Insert New Comment：插入注释（移动命令或注释只要用鼠标拖动就可以了）。
- Toggle Breakpoint：设置断点，调试。要取消断点，再次选择该项即可。
- Set/Clear Start Point：设置/清空起点，调试。
- Execute this command：执行命令。

图 1-7 快捷菜单

Table 选项卡和 Source 选项卡可以切换，使用 Source 选项卡可以查看 XML 源文件。Table 选项卡中有 3 个文本框，选中 Table 选项卡中的命令后，可以对命令进行编辑。

如图 1-8 所示，在 Value 文本框中输入了 abc。选中 type 命令，则 Command 文本框中显示 type，操作的对象是一个 id 为 kw 的文本框，Value 为 abc。

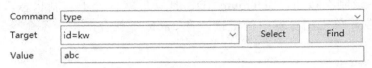

图 1-8　3 个文本框

3. 选项卡

在整个 Selenium IDE 界面的下部有一系列的选项卡，如图 1-9 所示。其功能描述如下。

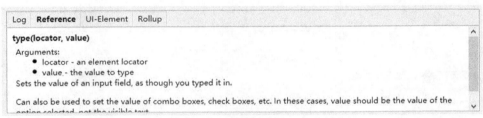

图 1-9　选项卡

- Log（日志）：当运行测试时，错误和消息将会显示在这里。右边有 Info 按钮和 Clear 按钮，单击 Info 按钮可以选择显示日志的级别，单击 Clear 按钮可以清除日志。
- Reference（参考）：当在表格中输入和编辑 selenese 命令时，面板中会显示相应的参考文档，类似于快速帮助的内容。
- UI-Element（UI 元素）：参考"帮助"菜单下的 UI-Element Documentation。
- Rollup：请参考"帮助"菜单。

4. 运行结果

为了在报告中明确地展示结果，Selenium IDE 会使用颜色来标记执行结果。执行过后，测试用例将会被标注为"红色"或"绿色"。

- 红色表示测试用例运行失败。
- 绿色表示测试用例成功运行。

运行结果还显示了所有的执行测试用例数量与失败的测试用例的数量（左下角）。

如果执行一个测试套件，则所有相关的测试案例将列在 Test Case 面板中。在执行时，将呈现上述的颜色编码。

图 1-10 为一个执行失败的测试用例。

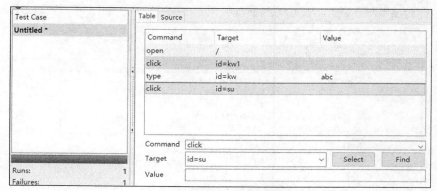

图 1-10　执行失败的测试用例

1.3.3　Selenium IDE 入门实例

本节展示一个关于 Selenium IDE 的实例。具体操作步骤如下。

（1）启动 Firefox 和 Selenium IDE。

（2）在 Selenium IDE 的 Base URL 栏中输入被测论坛的地址（论坛的地址及端口号请根据实际安装情况填写），如图 1-11 所示。

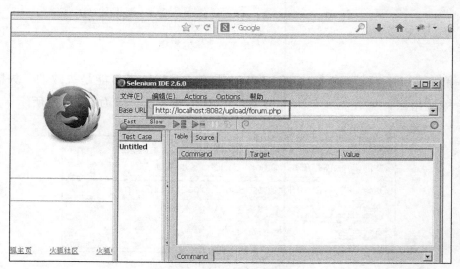

图 1-11　输入被测论坛的地址

（3）默认情况下，Selenium IDE 打开后处于录制状态，如果没有处于录制状态，则单击"录制"按钮。此时，在 Firefox 中，登录论坛并退出，录制的脚本如图 1-12 所示。

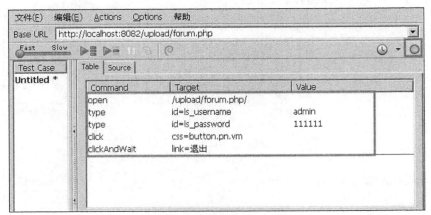

图 1-12　录制的脚本

（4）单击"录制"按钮，停止录制。在 Selenium IDE 的 Table 选项卡中可看到录制的脚本。录制的脚本的解释如图 1-13 所示。

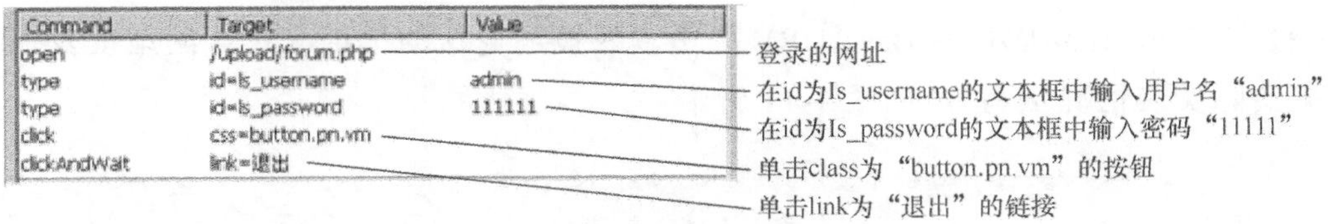

图 1-13　录制的脚本的解释

（5）单击图 1-14 所示按钮，运行该测试用例。运行结果可能是失败的，失败的步骤会用红色标注出来，并在 Log 选项卡中标记出现的错误提示，如图 1-15 所示。

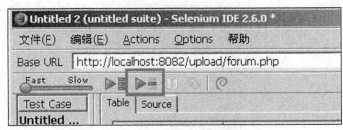

图 1-14　执行当前选中的测试用例

1.3 Selenium IDE 的使用

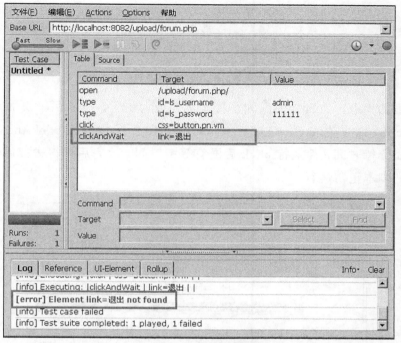

图 1-15 关于错误的提示

（6）选中出错的"clickAndWait link=退出"，右击，在弹出的快捷菜单中选择 Toggle Breakpoint 命令，设置一个断点，如图 1-16 所示。然后重复运行测试用例。

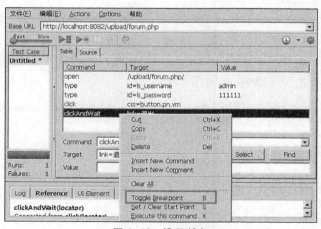

图 1-16 设置断点

（7）脚本运行到"退出"这一步会停下来，然后单击"单步执行"按钮继续执行，如图 1-17 所示。此时会发现脚本顺利运行完毕。

9

图 1-17 "单步执行"按钮

（8）找不到"退出"链接的原因是脚本运行得太快了，登录后，页面还未完全加载完。因此把 click 命令改成 clickAndWait，如图 1-18 所示。执行 clickAndWait 后会有一个默认的页面等待时间，而执行 click 后没有等待时间。改完后记得去掉原来的断点，再回放脚本，则脚本正常运行。

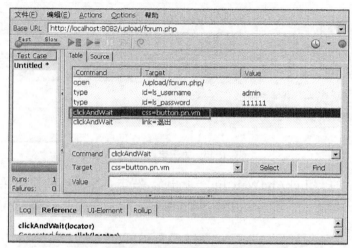

图 1-18 把 click 命令改成 clickAndWait

（9）保存脚本。选择"文件"→Save Test Case，会将脚本另存为一个 HTML 文件。打开文件，发现脚本是一个表格，如图 1-19 所示。

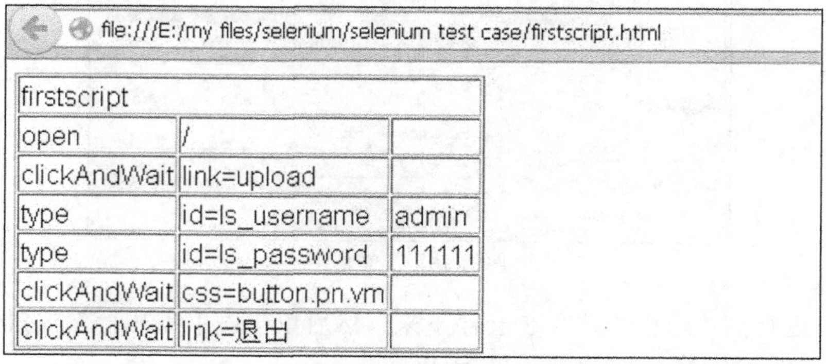

图 1-19 保存的脚本

1.4 Selenium WebDriver

本节将对 WebDriver 的概念及其使用进行介绍。

1.4.1 Selenium WebDriver 简介

既然已经有了 Selenium IDE 1.0，为什么还需要 Selenium 2.0 呢？接下来列举一些 Selenium 1.0 不能处理的事件：

- 本机键盘和鼠标事件；
- 同源策略跨站脚本（Cross Site Script，XSS）/HTTP（S）；
- 弹出框、窗口（基本身份认证、自签名的证书和文件上传/下载）。

Selenium 2.0 有简洁的应用程序编程接口（Application Programming Interface，API）、WebDriver 和 WebElement 对象，以及更好的抽象。同时，Selenium 2.0 支持多种操作系统、多种语言、多种浏览器。

API 是一些预先定义的函数，目的是为应用程序开发人员提供基于某软件或硬件访问一组例程的能力，而又无须访问源码，或理解内部工作机制的细节。

WebDriver 是一套类库，不依赖于任何测试框架，所以它自己本身是一个轻便的自动化测试框架。除了必要的浏览器驱动之外，WebDriver 不需要启动其他进程或安装其他程序，也不必像 Selenium 1.0 那样需要先启动服务。WebDriver 的体系结构如图 1-20 所示。

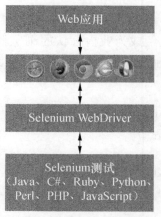

图 1-20　WebDriver 的体系结构

WebDriver 支持如下浏览器：

- Firefox（采用的驱动是 FirefoxDriver）；
- IE（采用的驱动是 InternetExplorerDriver）；
- Opera（采用的驱动是 OperaDriver）；
- Chrome（采用的驱动是 ChromeDriver）；
- Safari（采用的驱动是 SafariDriver）。

另外，WebDriver 还支持 Android（使用 Selendroid）和 iOS（使用 Appium）上的应用测试。

从支持的语言上来看，Selenium 2.0 API 可以通过如下语言来实现测试：
- Java；
- C#；
- PHP；
- Python；
- Perl；
- Ruby。

目前 Selenium 3.0 版本主要的更新如下。
- 支持 Java 8；
- 支持 macOS；
- 支持 Edge 浏览器；
- 只支持 IE 9.0 版本以上；
- FirefoxDriver 不再内置，而换成 GeckoDriver。

更新的意义如下。
- WebDriver 协议现在已经成为业内公认的浏览器 UI 测试的标准。
- 浏览器驱动由各官方浏览器实现，浏览器 UI 测试的速度和稳定性会有较大的提升。
- 浏览器 UI 自动化测试已经成为行业标配。
- Selenium 关注 Web 测试。

1.4.2　Selenium WebDriver 的安装和配置

1. 准备软件和文档

需要准备以下软件（可以根据实际情况下载最新的软件版本）。

- JDK：jdk-8u121-windows-x64.exe。
- Java 集成开发环境：eclipse.zip。
- WebDriver：selenium-server-standalone-3.3.1.jar。
- 浏览器的驱动如下：
    - chromedriver.exe；
    - geckodriver.exe；
    - IE8DriverServer.exe。

除了以上软件之外，还要具有 WebDriver 的帮助文档——selenium_javadoc。

2. 安装 JDK 和 Eclipse

安装的步骤如下。

（1）安装 JDK 并配置环境变量。

（2）在 C 盘根目录下解压缩 Eclipse，直接通过 eclipse.exe 打开编译工具，如图 1-21 所示。

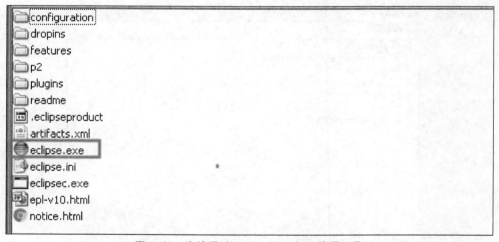

图 1-21　直接通过 eclipse.exe 打开编译工具

3. 搭建环境

搭建环境的步骤如下。

（1）在 Eclipse 中，从菜单栏中选择 File→New→Project，新建一个项目，如图 1-22 所示。

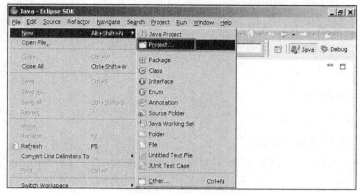

图 1-22　新建一个项目

（2）选择 Java Project，如图 1-23 所示。

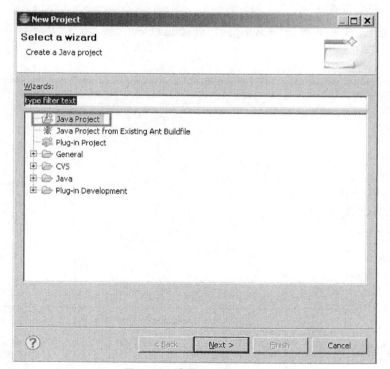

图 1-23　选择 Java Project

（3）把项目命名为 MySeleniumScript，Eclipse 会把文件保存在第一次打开 Eclipse 时设置的 workspace 目录中，单击 Use an execution environment JRE 单选按钮，并选择 JavaSE-1.8，如图 1-24 所示。单击 Finish 按钮完成项目设置。

1.4 Selenium WebDriver

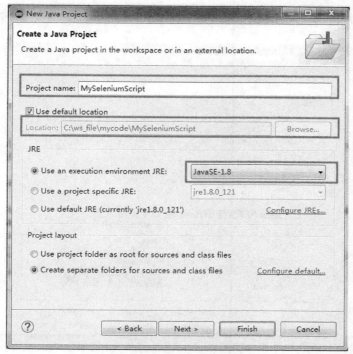

图 1-24 设置 Java 运行环境

（4）将 selenium-server-standalone-3.3.1.jar 文件复制到新建项目的根目录下，如图 1-25 所示。

图 1-25 复制 selenium-server-standalone-3.3.1.jar 文件

（5）右击 Eclipse 中的 mySeleniumProject 项目，在弹出的快捷菜单中选择 Build Path→Configure Build Path 命令，如图 1-26 所示。

（6）在 Properties for MySeleniumScript 界面中，单击 Libraries 选项卡中的 Add External JARs 按钮，如图 1-27 所示，添加 selenium-server-standalone-3.3.1.jar 文件。在

项目的目录下就会出现一个 Referenced Libraries 目录，其中包含加载的 JAR 文件。

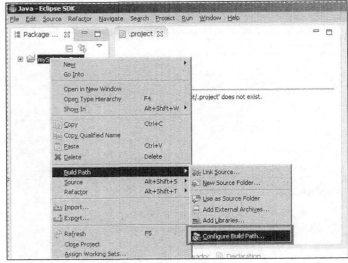

图 1-26　选择 Build Path→Configure Build Path

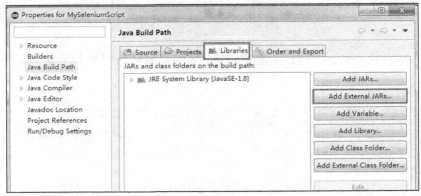

图 1-27　添加外部的 JAR 包

1.4.3　Selenium WebDriver 入门实例

整个实例是在被测的 WAMP 论坛中完成的。在本实例中，打开论坛首页，输入用户名和密码后，单击"登录"按钮登录，然后单击"退出"按钮退出。

首先，在项目的 src 目录下新建一个类，输入如下代码。

```
1  package selenium.own.test;
2  import Java.util.concurrent.TimeUnit;
3  import org.openqa.selenium.By;
4  import org.openqa.selenium.WebDriver;
```

```
5   import org.openqa.selenium.firefox.FirefoxDriver;
6   public class Firsttest{
7     public static void main(String[] args){
8       System.setProperty("webdriver.gecko.driver","c:\\browserdriver\\
9       geckodriver.exe");
10      WebDriver dr =  new FirefoxDriver();
11      dr.get("http://localhost:8082/upload/forum.php");
12      dr.findElement(By.id("ls_username")).sendKeys("admin");
13      dr.findElement(By.id("ls_password")).sendKeys("111111");
14      dr.findElement(By.cssSelector("button.pn.vm")).click();
15      dr.manage().timeouts().implicitlyWait(10, TimeUnit.SECONDS);
16      dr.findElement(By.linkText("退出")).click();
17       try {
18          Thread.sleep(3000);
19       } catch(InterruptedException e){
20          e.printStackTrace();
21       }
22     dr.quit();
23    }
24  }
```

然后，在 Eclipse 的代码编辑器中右击，在弹出的快捷菜单中选择 Run As→Java Application 命令，如图 1-28 所示。可以看到，WebDriver 自动启动了 Firefox，然后登录论坛并退出。

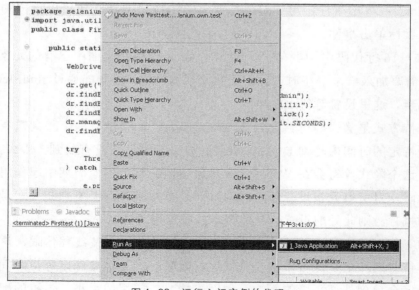

图 1-28　运行入门实例的代码

接下来，解读代码。

在第 1 行代码中，package 用于声明一个包，后面是包的名称 xxx.xxx.xxx。包一般用于分层，将同一业务的方法类放在一个包，方便管理和查找。

在第 2～5 行代码中，import 关键字用于导入额外的一些库，导入库以后就可以调用其中的类和方法。这里导入了 TimeUnit、By、WebDriver 和 FirefoxDriver，导入后就可以使用这 4 个库中的类和其中封装的方法了。

在输入代码时，如果事先没有导入库，在代码中使用了某些关键字后，Eclipse 会提示需要导入库，双击提示信息即可自动导入库。

在第 8～10 行代码中，新建一个 WebDriver 对象，这里用 new 关键字创建的是 FirefoxDriver 的驱动。为了使代码中不出现超长的路径，把 geckodriver.exe 放到 C:\browserdriver 下。

在第 11～14 行代码中，注意以下几点。

- dr 是 WebDriver 对象，可以调用 WebDriver 中的方法，即 WebDriver API。
- get()：用于打开指定的网站。
- findElement()：自动化过程中最常用的一个方法，用于在页面中查找一个元素。其中传入的参数是所定位的元素。
- sendKeys()：用于向定位的文本框中输入想要输入的内容。上传文件也可以用 sendKeys()。
- click()：单击事件，用于定位想要单击的按钮或者其他可以单击的地方，以模仿鼠标单击事件。

在第 15～16 行代码中，同样因为 WebDriver 只能找到页面中已有的元素，即"退出"按钮，所以需要加入一个等待时间，让页面元素加载完毕，才能通过 findElement 方法找到想要的元素。这里设置等待 10s。

一种等待方式是隐式等待。它告诉 WebDriver，如果没有马上找到需要的元素，则通过在一段特定的时间内轮询 DOM 来查找；如果超时后还没有找到，那么就抛出异常。一旦设置，这个隐式等待会在 WebDriver 对象实例的整个生命周期中起作用，意思就是在定位元素时，对所有元素设置超时时间。如果有些时候只需要判断元素是否存在，并且需要立刻执行，则此处的设置会导致脚本执行速度缓慢。

另一种等待方式叫显式等待。例如，Thread.sleep(3000)使线程休眠，这里设置了一个准确的等待时间，但是这种做法会降低运行效率，因为很难确定等待时间的长度，加载时间的长度会受到外部环境的影响，如网络情况、应用的大小、主机的配置情况、主机的内存和 CPU 的消耗情况。

第 17~21 行代码用来捕获异常。

第 22 行代码用于退出浏览器。

dr.quit()和 dr.close()都可以用于退出浏览器。两者的区别在于：如果打开的页面有多个，则 dr.close()只关闭当前的页面，而 dr.quit()则可彻底关闭 WebDriver 中所有的窗口，所以推荐使用 dr.quit()方法。

1.4.4　javadoc 简介

javadoc 是 Sun 公司提供的一种技术，它从程序源代码中抽取类、方法、成员等的注释，形成一个和源代码配套的 API 帮助文档。也就是说，只要在编写程序时以一套特定的标签添加注释，在程序编写完成后，通过 javadoc 就可以形成程序的开发文档。本书暂时不涉及 javadoc 的编码注释，这里仅介绍 javadoc 文档的使用。

简单来说，Selenium 中的 javadoc 是关于 Selenium 中方法的说明文档，这里先做一下使用说明，因为在 WebDriver 中需要经常查阅这个文档。查看步骤如下。

（1）javadoc 是从 selenium_javadoc 文件夹的根目录下的 index.html 文件开始查看的，如图 1-29 所示。

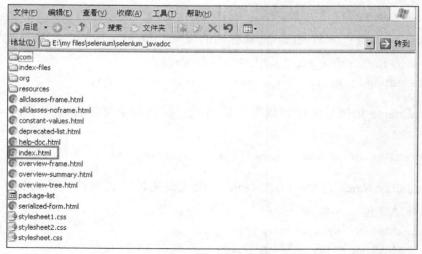

图 1-29　selenium_javadoc 文件夹的根目录下的 index.html 文件

（2）打开 javadoc，其左边是供查找的类，右边是方法的摘要，如图 1-30 所示。

第 1 章 Selenium

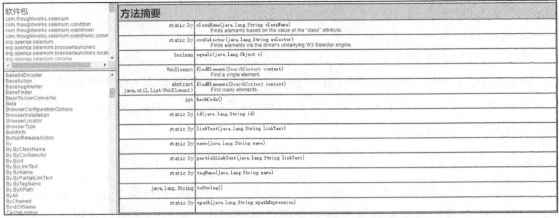

图 1-30 javadoc 左边是供查找的类,右边是方法的摘要

(3) 利用以下命令可以在这个文档中找到线索。

`dr.findElement(By.id("ls_username")).sendKeys("admin");`

1.4.5 WebDriver 元素的定位

WebDriver 元素是通过一个 By 类定位的,By 类中有许多属性,应着重看 By 后的方法。

常用的定位方式有以下几种。

(1) 通过 id 定位:定位 dom 元素首选的方式,id 是唯一的,定位速度快。例如,有一个文本框的 id 为 scbar_txt,其中的内容是 abcd。

`driver.findElement(By.id("scbar_txt")).sendKeys("abcd");`

(2) 通过 name 定位:定位表单首选的方式,因为表单肯定会有一个 name 属性。示例如下。

`driver.findElement(By.name("name")).sendKeys("admin");`

(3) 通过 className 定位:className 一般代表某种样式属性,所以很有可能是重复的,不能精准地定位。示例如下。

`driver.findElement(By.className("username"));`

(4) 通过 linkText 定位。示例如下。

`dr.findElement(By.linkText("退出")).click();`

(5) 通过 xpath 定位。常用的有 3 种。

- 绝对路径式的定位:使用 By.xpath("html/body/div/form/input")。

- 相对路径的定位：使用 By.xpath("//input")。一般要结合某些特定的属性值。

例如，通过//input 找到所有的输入，通过@id=kw 找到 id 属性为 kw 的输入。

```
By.xpath("//input[@id='kw']")
```

- 使用部分属性值匹配。示例如下。

```
By.xpath("//input[starts-with(@id,'nice')]")
By.xpath("//input[contains(@id,'论坛')]")
```

（6）通过 CSS 选择器定位。

- 对于 id 的选择器：以#开头。
- 对于类的选择器：以"."开头。
- 对于属性的选择器：使用[key='value']。

例如，有一段 HTML 代码。

```
<input id="passport_51_user" type="text" value="" tabindex="1" title="用户名" name="passport_51_user">
```

如果用 CSS 选择器定位元素，可以使用以下代码。

```
WebElement e1 = dr.findElement(By.cssSelector("#passport_51_user"));
```

再给出一个示例，有一个"登录"链接，其源代码如图 1-31 所示。

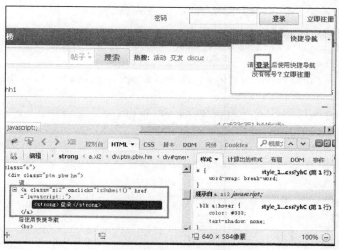

图 1-31 "登录"链接的源代码

如果用 CSS 选择器来定位，可以写成

```
driver.findElement(By.cssSelector("strong")).click();
```

1.4.6　get()方法的实例

本实例使用 Chrome 浏览器的驱动来打开 Chrome 浏览器，并打开一个视频站点，在结果中返回站点的 title 并获取当前页面的整个源代码，可以在后台查看源代码。操作步骤如下。

（1）为了使代码中不出现超长的路径，把 chromedriver.exe 存放到 C:\browserdriver 下，如图 1-32 所示。

图 1-32　把 chromedriver.exe 存放到 C:\browserdriver 下

（2）要在项目的 src 目录下新建一个类，输入如下代码。

```
1   package selenium.own.test;
2   import org.openqa.selenium.WebDriver;
3   import org.openqa.selenium.chrome.ChromeDriver;
4   public class TestGet{
5       private static String url="http://172.16.200.189/";
6       public static void main(String args[]){
7           System.setProperty("webdriver.chrome.driver", "C:\\browserdriver\\
8               chromedriver.exe");
9           WebDriver driver = new ChromeDriver();
10          driver.get(url);
11          String title=driver.getTitle();
12          System.out.println(title);
13          String pagesource = driver.getPageSource();
14          System.out.println(pagesource);
15          driver.quit();
16      }
17  }
```

关键代码的解读如下。

第 11 行代码用于获取当前页面的 title 属性的值，一般利用这个属性可以判断页面是否跳转成功。

第 13 行代码用于获取当前页面的源代码，可以在后台查看源代码。

（3）运行代码，可以看到 WebDriver 自动启动了 Chrome 浏览器，并且打开了 http://172.16.200.189 的视频站点（可以用任何一个可以打开的 Web 站点替代）。稍后，运行结果中出现了视频站点的 title 和当前页面的源代码，如图 1-33 所示。

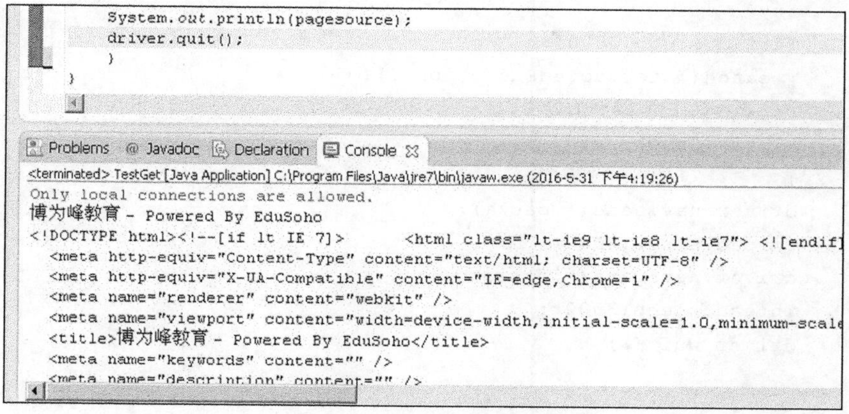

图 1-33　实例的运行结果

（4）关闭浏览器。

1.4.7　关于浏览器的操作方法

本实例以 Chrome 浏览器为演示对象，使用 ChromeDriver。本实例介绍在 Selenium WebDriver 中关于浏览器操作的 4 个方法：

- 浏览器窗口最大化；
- 在浏览器中前进到下一个页面；
- 在浏览器中后退到上一页网页；
- 刷新浏览器。

操作步骤如下。

（1）输入如下代码。

```
1  package selenium.own.test;
2  import org.openqa.selenium.By;
3  import org.openqa.selenium.WebDriver;
4  import org.openqa.selenium.chrome.ChromeDriver;
5  public class TestBrowser{
6  private static String url="http://localhost:8082/upload/forum.php";
7  public static void main(String args[]) throws InterruptedException{
8      System.setProperty("webdriver.chrome.driver","C:\\browserdriver\\
```

```
 9            chromedriver.exe");
10       WebDriver driver = new ChromeDriver();
11       driver.get(url);
12       driver.manage().window().maximize();
13       driver.findElement(By.linkText("立即注册")).click();
14       driver.navigate().refresh();
15         try{
16         Thread.sleep(3000);
17         } catch(InterruptedException e){
18         // 要自动生成 catch 块
19         e.printStackTrace();
20         }
21         driver.navigate().back();
22         Thread.sleep(3000);
23         driver.navigate().forward();
24         Thread.sleep(3000);
25         driver.quit();
26       }
27   }
```

关键代码的解读如下。

使第 12 行用于使浏览器的窗口最大化。

第 14 行刷新页面。

第 21 行用于控制浏览器按照历史记录后退到上一个页面。

第 23 行用于控制浏览器按照历史记录前进到上一个页面。

（2）运行代码，可以看到 WebDriver 自动启动了 Chrome 浏览器，并且打开了论坛。然后单击"立即注册"链接，页面闪烁了一下，即刷新了一次。接着页面返回首页，过一会儿又后退到注册页面。

（3）关闭浏览器。

1.4.8　弹出窗口的切换方法

在平常 Web 测试中，当单击一个链接后，往往会弹出新窗口，而此时旧窗口并没有关闭。如果要在新窗口中操作元素，就需要切换一下句柄。

对于本节的实例，在论坛中，在弹出的新搜索框里要输入搜索的内容。论坛中有一个搜索框，输入搜索的内容后，会弹出一个新窗口，这是本实例要测试的内容。为了证明 WebDriver 可以切换至新窗口，可以在弹出的新窗口中重新输入需要搜索的内容，如图 1-34 所示。

1.4 Selenium WebDriver

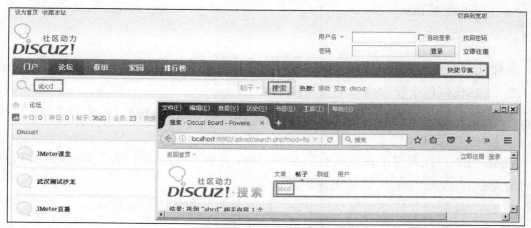

图 1-34　在弹出的新窗口重新输入要搜索的内容

代码如下。

```
1  package selenium.own.test;
2  import org.openqa.selenium.By;
3  import org.openqa.selenium.WebDriver;
4  import org.openqa.selenium.chrome.ChromeDriver;
5  public class switchWindow{
6    private static String url="http://localhost:8082/upload/forum.php";
7    public static void main(String args[]){
8      System.setProperty("webdriver.chrome.driver",
9      "C:\\browserdriver\\chromedriver.exe");
10     WebDriver driver = new ChromeDriver();
11     driver.get(url);
12     driver.manage().window().maximize();
13     String handle = driver.getWindowHandle();
14     driver.findElement(By.id("scbar_txt")).sendKeys("abcd");
15     driver.findElement(By.id("scbar_btn")).click();
16     for(String handles : driver.getWindowHandles()){
17       if(handles.equals(handle))
18         continue;
19       driver.switchTo().window(handles);
20     }
21     System.out.println(driver.getTitle());
22     driver.findElement(By.id("scform_srchtxt")).sendKeys("到达了新页面");
23     driver.switchTo().window(handle);
24     driver.findElement(By.id("scbar_txt")).sendKeys("现在在老页面中");
25     System.out.println(driver.getTitle());
```

```
26        //driver.quit();
27    }
28 }
```

关键代码的解读如下。

第 13 行代码用于获取当前页面句柄。

第 14 行和第 15 行代码用于在当前页面的搜索框中输入 abcd，并单击"搜索"按钮后，从而打开新窗口。

第 16～20 行代码用于获取所有页面的句柄，并循环判断是不是当前句柄，如果是当前句柄就执行 switchTo()，然后切换到新窗口。

第 21 行代码用于输出新窗口的 title，以此判断是不是切换到新窗口。

第 22 行代码用于在新窗口的搜索框中输入内容。

第 23 行、第 24 行用于切换到旧窗口，并输入内容。

第 25 行代码用于输出旧窗口的 title，以此判断是不是切换到旧窗口。

为了演示可视性，第 26 行暂时注释掉了，否则窗口关闭了之后什么都看不到。实际工作中，这一行可以不作为注释。

执行这段代码，可以看到在原页面中输入了 abcd 后，弹出了一个新窗口。在新窗口的搜索框中输入了"到达了新页面 abcd"，然后手动切换到旧页面查看，搜索框中也出现了"abcd 现在在老页面中"字样，如图 1-35 所示。与此同时，由于使用了 println 语句，因此还可以在 Console 选项卡中查看新旧页面的 title,再次证明窗口的正确切换,如图 1-36 所示。

图 1-35　实例执行结果

1.4 Selenium WebDriver

```
System.setProperty("webdriver.chrome.driver","C:\\browerdriver\\chromedriver.exe");
WebDriver driver = new ChromeDriver();
driver.get(url);
driver.manage().window().maximize();
String handle = driver.getWindowHandle();
driver.findElement(By.id("scbar_txt")).sendKeys("abcd");
driver.findElement(By.id("scbar_btn")).click();
for (String handles : driver.getWindowHandles()) {
    if (handles.equals(handle))
        continue;
    driver.switchTo().window(handles);
}
System.out.println(driver.getTitle());
```

```
Problems  Javadoc  Declaration  Console ⊠
switchWindow [Java Application] C:\Program Files\Java\jre7\bin\javaw.exe (2016-6-1 上午11:41:03)
Starting ChromeDriver 2.21.371459 (36d3d07f660ff2bc1bf28a75d1cdabed0983e7c4) on port 23523
Only local connections are allowed.
搜索 - Discuz! Board - Powered by Discuz!
论坛 - Powered by Discuz!
```

图 1-36 Console 选项卡中新旧页面的 title

1.4.9 多个元素的选择

在本节的实例中使用 multipleselect.html 的源文件作为被测应用。被测应用的外观如图 1-37 所示。

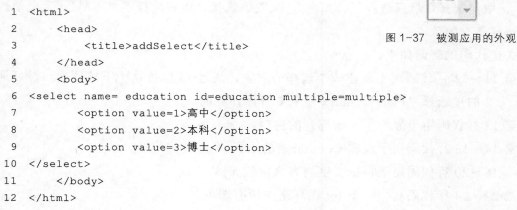

图 1-37 被测应用的外观

被测应用的代码如下。

```
1  <html>
2      <head>
3          <title>addSelect</title>
4      </head>
5      <body>
6  <select name= education id=education multiple=multiple>
7          <option value=1>高中</option>
8          <option value=2>本科</option>
9          <option value=3>博士</option>
10 </select>
11     </body>
12 </html>
```

WebDriver 的代码如下。

```
1  package selenium.own.test;
2  import org.openqa.selenium.By;
3  import org.openqa.selenium.WebDriver;
4  import org.openqa.selenium.WebElement;
5  import org.openqa.selenium.firefox.FirefoxDriver;
```

```
 6      import org.openqa.selenium.support.ui.Select;
 7      public class TestMultiSelect{
 8          public static void main(String[] args){
 9              WebDriver dr = new FirefoxDriver();
10              dr.get("http://localhost:8082/wsweb/multipleselect.html");
11              Select select1 = new Select(dr.findElement(By.id("education")));
12              select1.selectByIndex(2);
13              select1.deselectAll();
14              Select select2 = new Select(dr.findElement(By.id("education")));
15              select2.selectByValue("1");
16              select1.deselectAll();
17
18              Select select3 = new Select(dr.findElement(By.id("education")));
19              select3.selectByVisibleText("本科");
20              select1.deselectAll();
21
22              Select select4 = new Select(dr.findElement(By.id("education")));
23              for(WebElement e : select4.getOptions())
24                  e.click();
25          }
26      }
```

执行代码后可以看到，WebDriver打开了Firefox浏览器，在页面中，先选择了"博士"，又取消选择，然后选择了"高中"，又取消选择，接着选择了"本科"，又取消选择，最后选择所有的项。

关键代码的解读如下。

第11~12行代码用于新建一个选择的对象，通过id定位这个下拉列表，然后通过index为2的项选择"博士"。index是从0开始计算的。

第13行代码用于显示下一次选择的内容。

第14~16行代码用于根据value来定位元素。

第18~20行代码用于根据文字内容来定位元素。

第22~24行代码利用一个for循环选中所有选项。

1.4.10 单个元素的选择

在本节的实例中使用singleselect.html的源文件作为被测应用。被测应用的外观如图1-38所示。

1.4 Selenium WebDriver

图 1-38 被测应用的外观

被测应用的 HTML 源代码如下。

```
1   <html>
2     <head>
3       <title>addSelect</title>
4     </head>
5     <body>
6   <select name= education id=education>
7       <option value=1>高中</option>
8       <option value=2>本科</option>
9       <option value=3>博士</option>
10  </select>
11    </body>
12  </html>
```

WebDriver 的代码如下。

```
1   package selenium.own.test;
2
3   import org.openqa.selenium.By;
4   import org.openqa.selenium.WebDriver;
5   import org.openqa.selenium.firefox.FirefoxDriver;
6   import org.openqa.selenium.support.ui.Select;
7
8   public class TestSingleSelect{
9       public static void main(String[] args) throws InterruptedException{
10          WebDriver dr = new FirefoxDriver();
11          dr.get("http://localhost:8082/wsweb/singleselect.html");
12
13          Select select1 = new Select(dr.findElement(By.id("education")));
14          select1.selectByIndex(2);
15          Thread.sleep(1000);    //加 sleep 的目的是在两次选择之间暂停 1s
16
17          Select select2 = new Select(dr.findElement(By.id("education")));
18          select2.selectByValue("1");
19          Thread.sleep(1000);
```

```
20
21          Select select3 = new Select(dr.findElement(By.id("education")));
22          select3.selectByVisibleText("本科");
23      }
24 }
```

执行代码后可以看到，WebDriver 打开了 Firefox 浏览器，在页面中先选择了"博士"，又选择了"高中"，再选择了"本科"，在两次选择之间停留 1s。

1.5 JUnit 框架与 WebDriver

在之前的测试运行后，只能通过 log 文件或者被操作对象的表现来判断代码是否正确，其实这并不直观，这里介绍一种可以直观查看代码运行结果的 JUnit 框架。

本节先简单介绍一下 JUnit 4，再讲解如何使用 JUnit 来辅助进行 WebDriver 测试。

1.5.1　JUnit 4

JUnit 是一个开源的 Java 单元测试框架，于 1997 年由 Erich Gamma 和 Kent Beck 开发。JUnit 用于编写和运行可重复的测试，是单元测试框架体系 xUnit 的一个实例（用 Java 语言）。

JUnit4 是 JUnit 框架有史以来的最大改进，其主要目标是利用 Java 5 中的元数据（metadata）特性简化测试用例的编写。元数据是什么？元数据就是描述数据的数据。也就是说，在 Java 中，元数据可以和 public、static 等关键字一样用来修饰类名、方法名、变量名，描述这个数据是做什么用的。

注解（annotation）有以下几种。

- @Before：初始化方法，在任何一个测试执行之前必须执行的代码。
- @After：释放资源，在任何测试执行之后需要进行的收尾工作。
- @Test：测试方法，用于表明一个测试方法。在 JUnit 中，该测试方法将会自动执行。对于方法的声明，有如下要求：名字可以随便取，没有任何限制，但是返回值必须为 void，而且不能有任何参数。在接下来的例子中，只需要把 WebDriver 代码放在@Test 中即可，也不再需要 main()了。
- @Ignore：忽略的测试方法，含义是"某些方法尚未完成，暂不参与此次测试"，这样测试结果就会提示有几个测试被忽略，而不是失败。一旦完成了相应函数，只需要把@Ignore 删除，就可以进行正常的测试。

1.5.2　在 Eclipse 中 JUnit 4 的使用

在 Eclipse 中，JUnit 4 的使用方法如下。

（1）要打开 Eclipse 中的 Show View（如图 1-39 所示），从菜单栏中选择 Window→Show View→Other 命令。

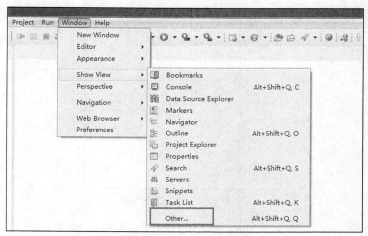

图 1-39　选择 Windows→Show View→Other

（2）在打开的 Show View 窗口中选择 Java→JUnit 命令，单击 OK 按钮，如图 1-40 所示。

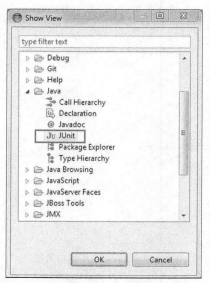

图 1-40　Show View 窗口

（3）打开 JUnit 视图窗口，如图 1-41 所示。JUnit 视图窗口的组成如图 1-42 所示。

图 1-41　JUnit 视图窗口

图 1-42　JUnit 视图窗口的组成

JUnit 视图窗口中每一项的功能如下。

- Runs（见①）：显示执行了的 JUnit 测试用例（方法）总数。
- Errors（见②）：显示结果为 error/exception 的测试用例总数。
- Failures（见③）：显示测试用例执行失败的总数。
- Failure Trace（见④）：展示 error 或者 failure 的跟踪信息。
- Show Failures Only（见⑤）：只显示失败的用例信息。
- Scroll Lock（见⑥）：滚动锁定。
- Rerun Test（见⑦）：重新运行测试用例。
- Rerun Test – Failure First（见⑧）：重新运行测试用例，先执行失败的测试用例。
- Stop JUnit Test Run（见⑨）：停止单元测试。
- Test Run History（见⑩）：显示测试用例运行历史。

（4）加载 JUnit 4 的库。加载步骤如下。

① 在之前建的项目上右击，在弹出的快捷菜单中选择 Build Path→Configure Build Path，如图 1-43 所示。

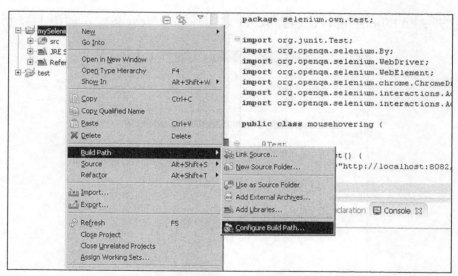

图 1-43 选择 Build Path→Configure Build Path

② 打开 Properties for mySeleniumTest 窗口，如图 1-44 所示，单击 Add Library 按钮。

第 1 章　Selenium

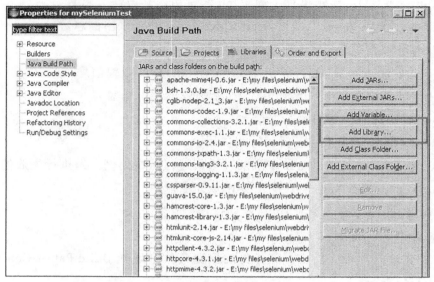

图 1-44　Properties for mySeleniumTest 窗口

③ 打开 Add Library 窗口，选择 JUnit 选项，单击 Next 按钮，如图 1-45 所示。

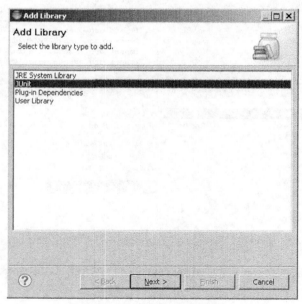

图 1-45　Add Library 窗口（一）

④ 在 JUnit Library Version 下拉列表中选择 JUnit 4 选项，单击 Finish 按钮，如图 1-46 所示。

1.5 JUnit 框架与 WebDriver

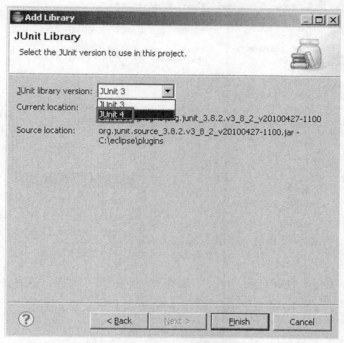

图 1-46 Add Library 窗口（二）

⑤ 在最后完成添加后，项目目录下会出现一个 JUnit 4，如图 1-47 所示。

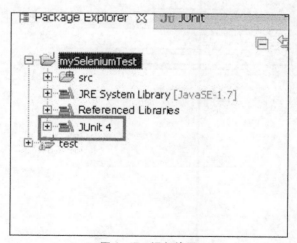

图 1-47 添加效果

⑥ 在项目上右击，在弹出的快捷菜单中选择 New→JUnit Test Case 命令，如图 1-48 所示。

第 1 章　Selenium

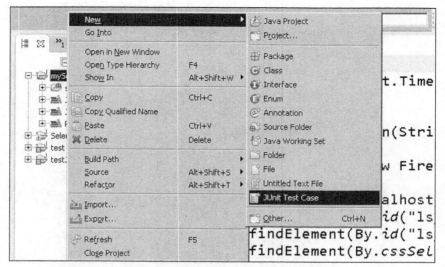

图 1-48　选择 New→JUnit Test Case

⑦ 打开 New JUnit Test Case 窗口，如图 1-49 所示。注意，选中 New JUnit 4 test 单选按钮。在 Name 文本框中输入名称，单击 Finish 按钮。

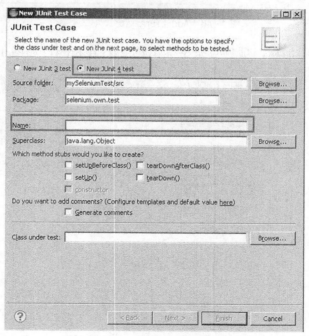

图 1-49　New JUnit Test Case 窗口

⑧ 把测试代码都写在 @Test 下的 test() 方法内，如图 1-50 所示。

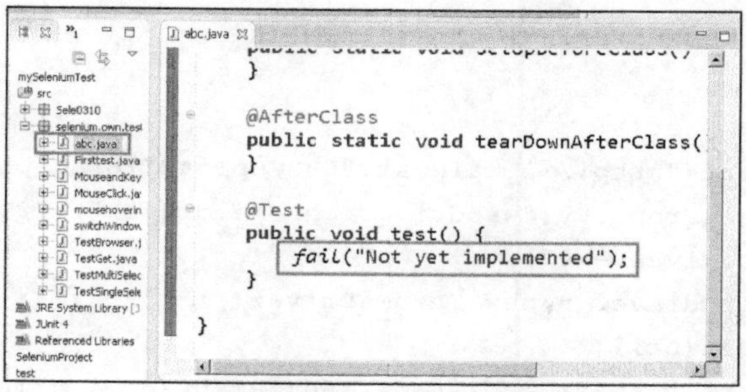

1.5 JUnit 框架与 WebDriver

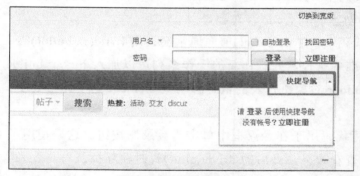

图 1-50　编写测试代码

1.5.3　通过模拟鼠标移动显示悬浮的下拉窗体的实例

以下实例都使用 JUnit 4 来演示。

有时在网页中有这么一种控件,当鼠标指针放上去后,无须单击就会自动弹出一个悬浮的下拉窗体。例如,在 Discuz 论坛中,有一个"快捷导航",在没有登录的情况下,将鼠标指针移至其上,会显示一个悬浮的下拉窗体,提示用户登录,如图 1-51 所示。

图 1-51　悬浮的下拉窗体

实现步骤如下。

(1) 新建 JUnit 4 的一个测试用例。

(2) 输入以下代码。

```
1  package selenium.own.test;
2
3  import org.junit.Test;
4  import org.openqa.selenium.By;
5  import org.openqa.selenium.WebDriver;
6  import org.openqa.selenium.WebElement;
7  import org.openqa.selenium.chrome.ChromeDriver;
8  import org.openqa.selenium.interactions.Action;
9  import org.openqa.selenium.interactions.Actions;
```

```
10  public class mousehovering{
11      @Test
12      public void test(){
13          String url="http://localhost:8082/upload/forum.php";
14          System.setProperty("webdriver.chrome.driver", "C:\\browserdriver\\
15            chromedriver.exe");
16          WebDriver driver = new ChromeDriver();
17          driver.get(url);
18          WebElement element = driver.findElement(By.linkText("快捷导航"));
19          Actions builder = new Actions(driver);
20          builder.moveToElement(element).build().perform();
21          driver.findElement(By.cssSelector("strong")).click();
22          //driver.quit();
23      }
24  }
```

关键代码的解读如下。

在第 19 行代码中，Actions 是 WebDriver 封装的一个模拟鼠标/键盘的一个类，这里先用 new 关键字创建一个 Actions 对象。

在第 20 行代码中，在 perform()前面通常会调用 build()，build()的主要目的就是建立一个组合操作以准备执行，并且让新的操作系列可以加入下一个 build()中。

这里是将 builder 对象所代表的鼠标移动到 element 这个元素上面，将模拟的事件构建成一个操作。

第 21~22 行代码用于在悬浮框中单击"登录"按钮。这里使用了 CSS 选择器定位元素。同样为了查看效果，最后的 driver.quit()暂时注释掉。

（3）执行测试用例。单击 Run 按钮。可以看到 WebDriver 自动打开了 Chrome 浏览器，并且从"快捷导航"中打开了"用户登录"界面，如图 1-52 所示。

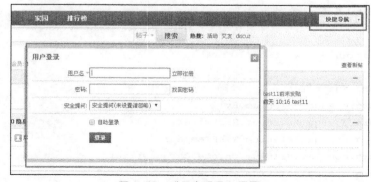

图 1-52　"用户登录"界面

（4）在左边的执行结果中（如图 1-53 所示），可以直观地看到测试用例的执行结果，其中绿色表示执行通过。如果测试用例运行失败，就会出现 Failure 或者 Error 两种结果。简单说明一下其区别。

- Failure 指测试失败。
- Error 指测试程序本身出错。

图 1-53　实例执行结果

提示：把测试代码交给 JUnit 框架后，代码是如何运行的？其实这里涉及运行器（runner）的作用，当没有明确指定一个运行器的时候，系统会默认使用一个名叫 BlockJUnit4ClassRunner 的运行器来驱动测试运行。

1.5.4　模拟鼠标单击事件

本实例的目的是在 Discuz 论坛中模拟鼠标单击"家园"选项卡，然后在"家园"选项卡的搜索框中输入"成功定位到家园"。本实例可作为 1.5.3 节中实例的练习，由于主要代码在 1.5.3 节中已解释，这里就不再赘述了。

WebDriver 的代码如下。

```
package selenium.own.test;

import org.junit.Test;
import org.openqa.selenium.By;
import org.openqa.selenium.WebDriver;
import org.openqa.selenium.WebElement;
import org.openqa.selenium.chrome.ChromeDriver;
import org.openqa.selenium.interactions.Actions;

public class MouseClick{
    @Test
    public void test(){
        String url="http://localhost:8082/upload/forum.php";
        System.setProperty("webdriver.chrome.driver",
        "C:\\browserdriver\\chromedriver.exe");
        WebDriver driver = new ChromeDriver();
        driver.get(url);
        WebElement element = driver.findElement(By.linkText("家园"));
        Actions builder = new Actions(driver);
        builder.moveToElement(element).click().build().perform();
        driver.findElement(By.id("scbar_txt")).sendKeys("成功定位到家园");
        //driver.quit();
    }
}
```

1.5.5　使用 javadoc 进行查找

首先，通过模拟鼠标和键盘的操作在搜索框中输入大写字母并弹出快捷菜单，具体操作如图 1-54 所示。

图 1-54　实例操作

1.5 JUnit 框架与 WebDriver

在 Discuz 论坛首页的搜索框中输入大写的 SELENIUM，然后双击搜索框，可以全选这些大写字母，然后右击。

注意：以上这些操作可以模拟输入了一些内容后，再全选，右击并通过快捷菜单剪贴并粘贴在其他地方。如果使用 IDE 录制，就会发现，如果不单击"提交"按钮，那么以上这些操作是无法录制的，所以只能靠 WebDriver 代码来实现。

接下来，使用 javadoc 来查找要完成以上操作需要的方法。

（1）javadoc 是从 selenium_javadoc 文件夹的根目录下的 index.html 文件开始查看的，如图 1-55 所示。

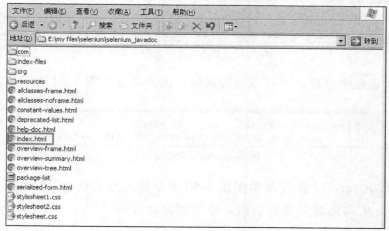

图 1-55 index.html 文件

（2）在打开的帮助文档中找到 Actions 类，如图 1-56 所示。

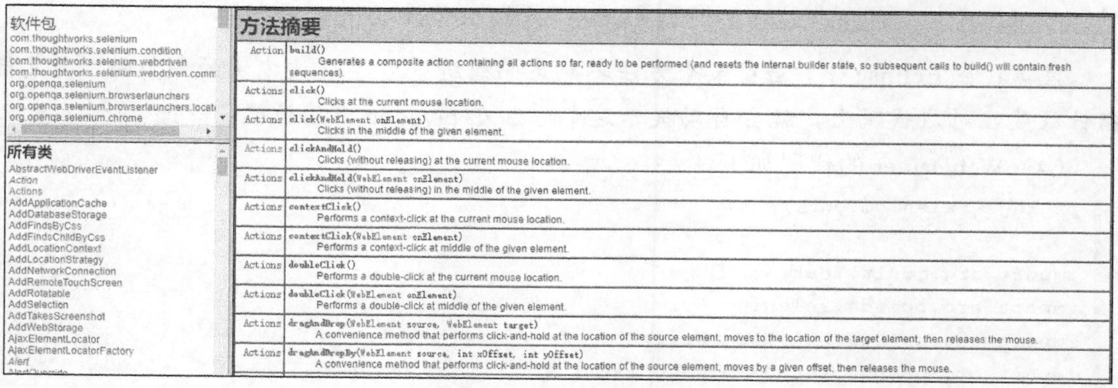

图 1-56 找到 Actions 类

（3）确定可能需要用到的方法。

① 要输入大写字母。首先要按下 Shift 键，然后输入大写字母，再释放 Shift 键，因此要使用图 1-57 所示的方法。

Actions	keyDown(Keys theKey) Performs a modifier key press.
Actions	keyDown(WebElement element, Keys theKey) Performs a modifier key press after focusing on an element.
Actions	keyUp(Keys theKey) Performs a modifier key release.
Actions	keyUp(WebElement element, Keys theKey) Performs a modifier key release after focusing on an element.

图 1-57　输入大写字母的方法

② 要在搜索框中全选，可以双击搜索框，因此要使用图 1-58 所示的方法。

Actions	doubleClick(WebElement onElement) Performs a double-click at middle of the given element.

图 1-58　实现双击的方法

③ 在 WebDriver 中，快捷菜单用图 1-59 所示的方法实现。因为上面已经在搜索框中某处双击了，所以此刻只需要右击，不需要定位元素了。

Actions	contextClick() Performs a context-click at the current mouse location.

图 1-59　弹出快捷菜单的方法

注意：在 Eclipse 中，当对某个方法不熟悉而想进一步了解该方法的细节时，将鼠标指针放置在对应代码上，就会自动提示这个方法在 javadoc 中的位置。

（4）WebDriver 的代码如下。

```
package selenium.own.test;

import org.junit.Test;
import org.openqa.selenium.By;
import org.openqa.selenium.Keys;
import org.openqa.selenium.WebDriver;
import org.openqa.selenium.WebElement;
import org.openqa.selenium.chrome.ChromeDriver;
```

```
import org.openqa.selenium.interactions.Actions;

public class MouseandKeyboard{
    @Test
    public void test(){
        String url="http://localhost:8082/upload/forum.php";
        System.setProperty("webdriver.chrome.driver",
        "C:\\browserdriver\\chromedriver.exe");
        WebDriver driver = new ChromeDriver();
        driver.get(url);
        WebElement element = driver.findElement(By.id("scbar_txt"));
        Actions builder = new Actions(driver);
        builder.moveToElement(element).click().
        keyDown(element,Keys.SHIFT).sendKeys(element,"admin").keyUp(element,
        Keys.SHIFT).doubleClick(element).contextClick().build().perform();
        //driver.close();
    }
}
```

第 2 章　JMeter

2.1 性能测试基础

2.1.1 性能的定义

性能指器物所具有的性质与效用(《新华字典》的解释)。

性能的定义包括以下两层含义。

- 性质：该器物具有什么特性。
- 效用：该器物能干什么及干得怎么样。

那么身边的性能有哪些呢？

- 计算机：计算机的性能是指什么呢？用起来比较快？看起来比较好看？通常说计算机的性能好是指 CPU 具有比较出众的运算能力。但是，仅 CPU 快，计算机一定就快吗？不一定，这还取决于存储器。
- 汽车：汽车各零件在一般情况下功能良好，但在高速、长时间、大压力运行的情况下可能会出现问题，这些也是性能问题。
- 手机中的 APP：以下是十大 APP 性能黑洞，出现这些情况，将直接导致用户流失。
    ◆ 连接超时；
    ◆ 闪退；
    ◆ 卡顿；
    ◆ 崩溃；
    ◆ 黑白屏；
    ◆ 网络劫持；

- 交互性能差；
- CPU 使用率降低；
- 内存泄露；
- 不良接口。

2.1.2 性能测试的概念

性能测试（performance testing）指的是在一定的负载下，系统的响应时间等特性是否满足特定的性能需求，从某些角度来说，性能其实是功能的一种。功能用于衡量软件是否能工作，性能用于衡量软件工作得怎么样。在软件质量模型中可以发现性能测试是属于效率方面的。

软件效率是指在规定条件下，相对于所用资源的数量，软件产品可提供适当性能的能力。

其中，资源可能包括其他软件产品、系统的软件和硬件配置，以及物质材料（如打印纸、磁盘等）；对于用户所操作的系统，功能性、可靠性、易用性和效率的组合可以从外部进行测量。

要衡量一个软件的性能，需要从以下方面考虑。

- 时间特性：在规定条件下，当软件产品执行其功能时，提供适当的响应和处理时间及吞吐率的能力。
- 资源利用性：在规定条件下，当软件产品执行其功能时，使用合适数量和类别的资源的能力。人力资源作为生产率的一部分，也包括在其中。
- 效率依从性：软件产品遵循与效率相关的标准或约定的能力。

也就是说，需要确保软件在一定的资源下达到一定的性能，并且遵守相关的标准或协议。例如，用户从来不会奢望一台旧手机运行智能系统时开机速度会很快，因为这样的硬件相对于当前产品的标准已经过时了。但是如果一台高级的主流新手机在 1min 内无法完成启动，用户就会开始怀疑是不是自己的硬件存在某些问题。

所以，作为一个性能测试工程师，其主要工作目标是确保系统能够在一定的硬件、软件环境下达到一定的性能指标。

2.1.3 性能测试的分类

性能测试可以分为以下几类。

1. 压力测试

在一定的软件、硬件及网络环境下，通过模拟大量的虚拟用户给服务器施加压力，使服务器的资源处于极限状态并长时间连续运行，以测试服务器在高负载情况下是否能够稳定工作。

压力测试强调系统的稳定性，这个时候处理能力已经不重要了。

2. 负载测试

在一定的软件、硬件及网络环境下，通过在不同虚拟用户数量的情况下运行一种或多种业务，测试服务器的性能指标是否在用户要求的范围内，用于确定系统所能承载的最大用户数、最大有效用户数，以及不同用户数下的系统响应时间与服务器的资源利用率。

负载测试强调在一定的环境下验证系统能否达到对应指标，大多数性能测试是负载测试。

基本上，性能测试是通过加压来实现的，一般认为"最佳用户数"之前的测试是负载测试，之后的"重负载区域"的测试为压力测试，如图 2-1 所示。

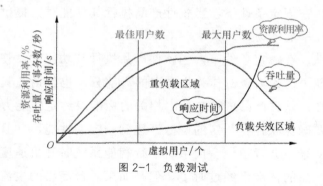

图 2-1 负载测试

3. 容量测试

在一定的软件、硬件及网络环境下，向数据库中构造不同数量级别的数据记录，通过在一定的虚拟用户数量下运行一种或多种业务，获取不同数据级别的服务器性能指标，以确定数据库的最佳容量。

容量测试不仅可以对数据库进行，而且可以用于判断硬件处理能力、服务器的连接能力等，以测试系统在不同容量级别是否能达到指定的性能。

下面给出一个实例。要为企业几年后的业务规划提前做容量规划，需要测试到达未来的容量的条件。

在**公司旗下，截至 2016 年 6 月底，**专车业务付费用户数达到 624.96 万人，APP 累计下载量达到 2151.53 万次。2016 年上半年，专车业务总单量达到 5534.2 万单，同比增长 282.64%；日均单量达到 30.41 万单，同比增长 280.54%；估计未来 5 年将拥有 1 亿用户，请为该系统软件框架和硬件容量进行规划。

4. 强度测试

强度测试主要用于检查程序对异常情况的抵抗能力。强度测试总是迫使系统在异常的资源配置下运行。例如，当正常的用户单击率为"1000 次/s"时，运行单击率为"2000 次/s"的测试用例；运行需要最大存储空间（或其他资源）的测试用例；运行可能导致操作系统崩溃或磁盘数据剧烈抖动的测试用例；等等。

疲劳强度测试是一类特殊的强度测试，主要测试系统长时间运行后的性能表现，如 7×24h 的压力测试。

5. 配置测试

在不同的软件、硬件及网络环境配置下，通过在一定的虚拟用户数量下运行一种或多种业务，获得不同配置的性能指标，用于选择最佳的设备及参数配置。

通过产生不同的配置，得到系统性能的变化情况。通过配置测试可以将性能缺陷放大，方便定位性能瓶颈。

图 2-2 所示是配置测试实例。在实际系统中，如果代码的性能极好，但是相关硬件配置的性能低下，仍然会造成系统总体性能的下降。

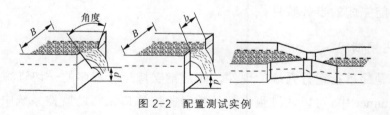

图 2-2 配置测试实例

6. 基准测试

在一定的软件、硬件及网络环境下，模拟一定数量的虚拟用户运行一种或多种业务，将测试结果作为基线数据，在系统调优或者系统评测过程中，通过运行相同的业务场景并比较测试结果，确定调优是否达到效果或者能否为系统的选择提供决策数据。

基准测试一般基于配置测试，通过配置测试得到数据，并将这个数据作为基准来比较每次调优后的性能是否有所改善。

7. 并发测试

通过模拟多个用户并发访问同一个应用、同一个存储过程或数据记录及其他并发操作，测试是否存在死锁、数据错误等故障。

为了避免数据库和开发的并发错误，需专门针对每个模块进行并发测试。

2.1.4 性能指标

1. 响应时间

响应时间反映完成某个业务所需要的时间。例如，如果从单击"登录"按钮到返回登录成功页面需要消耗 1s，那么这个操作的响应时间是 1s。

LoadRunner 是通过事务来完成对响应时间的统计的，事务是指做某件事情的操作，而函数会记录开始做这件事情和做完该事情之间的时间差，也称为事务响应时间（response time）。

2. 吞吐量

吞吐量反映单位时间内能够处理的事务数目。例如，对于一个系统来说，一个用户登录需要 1 秒，如果系统同时支持 10 个用户登录，且响应时间是 1 秒，那么系统的吞吐量就是 10 人/秒。

在 LoadRunner 中，吞吐量也称为 TPS（Transaction Per Second，每秒事务数），即在单位时间内能完成的事务数目。

3. 资源占用情况

资源并不是简单指运行系统的硬件，而是指支持运行程序的一切资源。

在 LoadRunner 中，可以通过很多的计数器监控接口来帮助监控系统中的硬件或者软件资源的占用情况，如 CPU 的使用率、内存使用情况、缓存命中率等。

对于一个用户来说，他最关心的只有响应时间。如果响应时间长了，那么用户就会觉得系统慢，用户并不关心有多少人使用这个系统，系统的资源是不是足够，所以从某个角度来说，必须保证在任意情况下在操作中对最终用户的响应时间不能超过 5s。

调查统计显示，对于一个用户来说，如果他访问一个系统的响应时间在 2s 以内，那么用户会感到系统很快，比较满意；如果他访问一个系统的响应时间在 2~5s，那么用户可以接受，但是对速度有些不满；如果他访问一个系统的响应时间超过 10s，那么用户将无法接受。

所以，对于一个系统来说，需要保证其响应时间在 5s 以内。当然，某些特殊的操作可能会远远超过这个响应时间，可以通过 loading bar 的方式来提前告诉用户。

2.1.5 性能测试技术要求

作为一个性能测试工程师，他需要具备以下技术水平。

（1）熟悉软件测试基本理论。

如果不具备任何软件测试的基础理论，那么是无法完成功能测试中的性能测试的。

（2）掌握软件测试常用方法。

性能测试是功能测试的一种，所以基本的软件测试方法必须要掌握。

（3）熟悉一门编程语言。

在性能调优的时候需要对开发语言有一定的了解，并且性能测试也是通过代码来进行测试的，所以很多时候需要自己写代码来进行性能测试。

（4）熟悉一种数据库管理系统。

数据库是软件不可或缺的一部分，如果不了解数据库，测试人员就无法有效地进行容量测试。

（5）熟悉 Web 服务器，如 IIS、Apache 等环境的搭建和性能分析。

（6）熟悉常见网络协议，如 HTTP。

（7）掌握性能测试理论。

（8）熟练使用一种性能测试工具。

（9）实际工作中需要的其他技能。

在了解了以上内容后，如果准备从事测试工作，那就开始性能测试之旅吧！

2.2 JMeter 概述

JMeter 是 Apache 组织开发的基于 Java 的压力测试工具，用于对软件做压力测试，它最初用于 Web 应用测试，但后来扩展到其他测试领域。JMeter 可以用于测试静态资源和动态资源，如静态文件、Java servlet、CGI 脚本、Java 对象、数据库、FTP 服务器等。

本节对 JMeter 的作用、特点、工作原理及其和 LoadRunner 的区别进行介绍。

1. JMeter 的作用

JMeter 的作用如下。
- 不仅是基于 Java 的压力测试工具，还是一款接口测试工具。
- 可以针对服务器、网络或者对象模拟巨大的负载，在不同压力类别下测试它们的强度和分析整体性能。
- 能够对应用程序做功能/回归测试，通过创建带断言的脚本来验证程序是否返回了用户期望的结果。

2. JMeter 的特点

JMeter 具有以下特点。
- 能够对 HTTP 和 FTP 服务器进行压力测试与性能测试，也可以对任何数据库进行同样的测试。
- 具有完全的可移植性，并全部使用 Java 实现。
- 完全基于多线程框架运行，即通过多个线程并发取样和通过单独的线程组对不同的功能同时取样。
- 具有各种负载统计表和可链接的计时器。
- 通过数据分析和可视化插件提供了很好的可扩展性及个性化设计。
- 可以为测试提供动态输入。

3. JMeter 的工作原理

JMeter 的工作原理如图 2-3 所示。

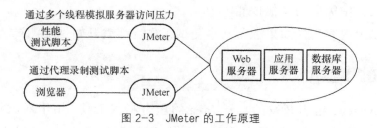

图 2-3　JMeter 的工作原理

JMeter 可以作为 Web 服务器与浏览器之间的代理网关，以捕获浏览器的请求和 Web 服务器的响应，这样就可以很容易地生成性能测试脚本。有了性能测试脚本，JMeter 就可以通过线程组来模拟真实用户对 Web 服务器的访问压力，这与 LoadRunner 的工作原理基本一致。

4. JMeter 和 LoadRunner 的功能对比

JMeter 和 LoadRunner 的功能对比如表 2-1 所示。

表 2-1 JMeter 和 LoadRunner 的功能对比

对比项	JMeter	LoadRunner
安装	简单，下载并解压即可安装	复杂，LoadRunner 安装包大于 1GB，在一台主频 3.0GHz、内存 1GB 的 PC 上安装，安装时间长于 1h
录制/回放模式	支持	支持
测试协议	偏少，用户可自行扩展	较多，用户不可自行扩展
分布式大规模压力测试	支持	支持
IP 欺骗功能	不支持	支持
图形报表	支持（功能较弱）	支持（功能很强）
测试逻辑控制	支持	支持
监控服务器资源（CPU、内存等）	支持	支持
功能测试	支持	不支持

2.3 搭建 JMeter 环境

下面对 JMeter 环境的搭建进行介绍。

1. 前置条件

安装 JDK，建议选择 JDK 1.6 以上版本，可从 Java 官网下载最新版本。同时，要分别配置 JDK 环境变量 JAVA_HOME、CLASSPATH、PATH。

2. 下载 JMeter

可从 JMeter 官网下载 JMeter 的最新版本。

3. 启动 JMeter

启动 JMeter 的步骤如下。

（1）直接解压，无须安装。

（2）找到 bin 目录下的 jmeter.bat（如图 2-4 所示）。双击 jmeter.bat 即可启动 JMeter

服务器，如图 2-5 所示。

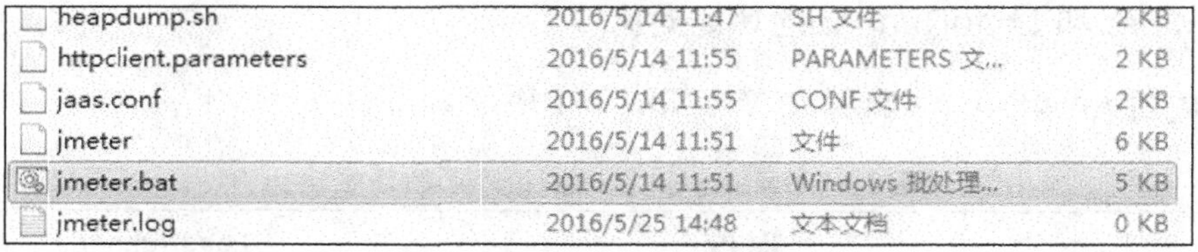

图 2-4　bin 目录下的 jmeter.bat

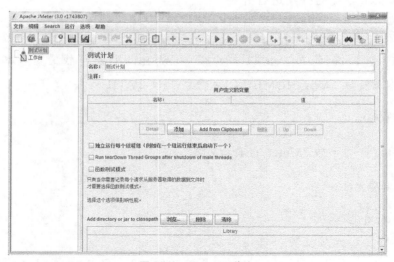

图 2-5　启动 JMeter 服务器

（3）出现 JMeter 工作台，如图 2-6 所示。

图 2-6　JMeter 工作台

2.4 JMeter 目录结构

下面对 JMeter 的主要目录进行介绍。JMeter 目录的结构如图 2-7 所示。

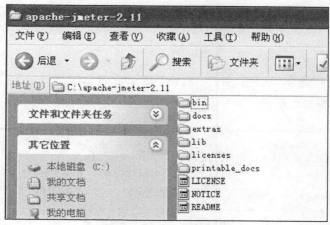

图 2-7　JMeter 目录的结构

- bin 目录：包括可执行文件、jmeter.bat 启动文件，里面可以设置 JVM 参数。
- docs 目录：文档目录。
- extras 目录：扩展插件目录，目录下的文件提供了对 Ant 的支持。
- lib 目录：所用到的插件目录，里面全是 Jar 包，用户扩展所依赖的包直接放到 lib 下即可。
- printable_docs/usermanual 子目录：JMeter 用户手册，其中 component_reference.html 是最常用的核心元件帮助手册。
- lib/ext 子目录：JMeter 核心 Jar 包。

2.5 JMeter 的测试计划及常用元件

下面对 JMeter 的测试计划（test plan）及常用元件进行介绍。

2.5.1 测试计划

测试计划用来描述性能测试，包含与本次性能测试相关的所有功能。也就是说，本次性能测试的所有内容是基于一个计划的，如图 2-8 所示。

第 2 章　JMeter

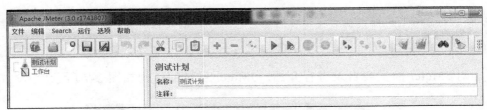

图 2-8　测试计划

2.5.2　线程（用户）

线程（用户）可以理解为虚拟用户。右击"测试计划"，选择"添加"→Threads(Users)，出现的级联菜单如图 2-9 所示。

图 2-9　Threads（Users）下面的级联菜单

级联菜单中每一项的含义如下。

- setUp Thread Group：一种特殊类型的线程组，可用于执行预测试操作。这些线程的行为完全像一个正常的线程组元件。不同的是，这些类型的线程执行测试前，要定期执行线程组。setUp Thread Group 类似于 LoadRunner 中的 init，可用于执行预测试操作。
- tearDown Thread Group：一种特殊类型的线程组，可用于执行测试后的操作。这些线程的行为完全像一个正常的线程组元件。不同的是，这些类型的线程执行测试结束后，要执行定期的线程组。tearDown Thread Group 类似于 LoadRunner 中的 end，可用于执行测试后的操作。
- 线程组：这个就是通常添加、运行的线程组。通俗地讲，一个线程组可以看作一个虚拟用户组，线程组中的每个线程都可以理解为一个虚拟用户。线程组包含的线程数量在测试执行过程中是不会发生改变的。

在测试计划中添加线程组

右击"测试计划"，在弹出的快捷菜单中选择"添加"→Threads（Users）→"线程组"命令，如图 2-10 所示。

2.5 JMeter 的测试计划及常用元件

图 2-10 添加线程组

"线程组"界面如图 2-11 所示。

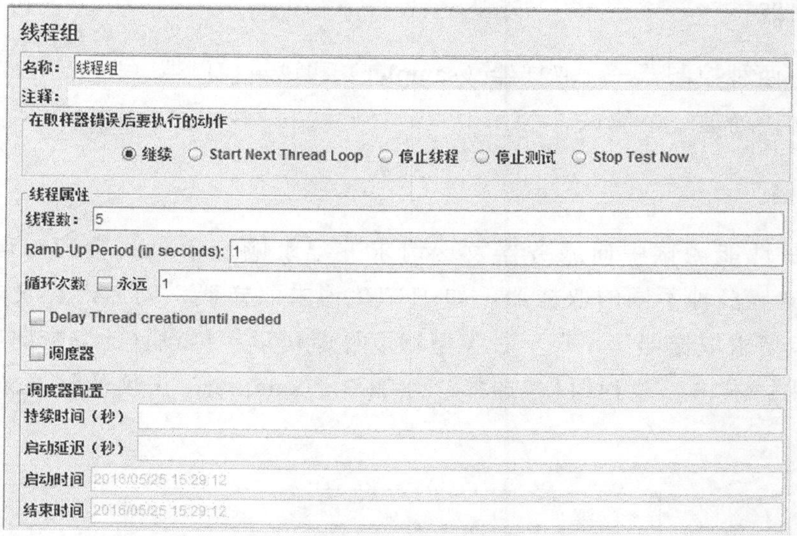

图 2-11 "线程组"界面

"线程组"界面中的各选项如下。

- 名称：可以随意修改，建议指定一个有意义的名称。
- 线程数：这里输入 5，类似于 LoadRunner 中并发的虚拟用户数。
- Ramp-Up Period：单位是秒（s），默认时间是 1s。它指定了启动所有线程所花费的时间，例如，当前的设置表示"在 1s 内启动 5 个线程，每个线程的间隔时间为 0.2s"。如果需要 JMeter 立即启动所有线程，则将该选项设置为 0 即可。
- 循环次数：表示每个线程执行多少次请求。

2.5.3 测试片段

测试片段（test fragment）元件是控制器中一种特殊的线程组。右击"测试计划"，选择"添加"→Test Fragment，如图 2-12 所示，可添加测试片段。测试片段在测试树中与线程组处于一个层级。测试片段与线程组有所不同，因为测试片段不执行，除非测试片段是一个模块控制器或者在被控制器引用时才会执行。

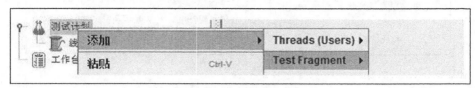

图 2-12　添加测试片段

2.5.4　控制器

JMeter 有两种控制器——取样器（sampler）和逻辑控制器（logic controller），用这些元件可以加快处理一个测试。

1. 取样器

取样器是性能测试中向服务器发送请求并记录响应信息、响应时间的小单元。JMeter 原生支持多种不同的取样器，如 HTTP 请求取样器、FTP 请求取样器、TCP 取样器、JDBC 请求取样器等，每一种类型的取样器可以根据设置的参数向服务器发出不同类型的请求。右击"线程组"，选择"添加"→Sampler，出现的级联菜单如图 2-13 所示。

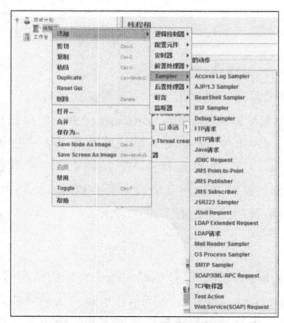

图 2-13　Sampler 下面的级联菜单

2. 逻辑控制器

逻辑控制器包括两类元件：一类是用于控制测试计划中取样器节点发送请求的逻辑顺序的控制器，常用的有如果（If）控制器、Switch Controller、Runtime Controller、循环控制器等；另一类是用来组织可控制取样器节点的控制器，如事务控制器、吞吐量控制器。右击"线程组"，选择"添加"→"逻辑控制器"，出现的级联菜单如图 2-14 所示。

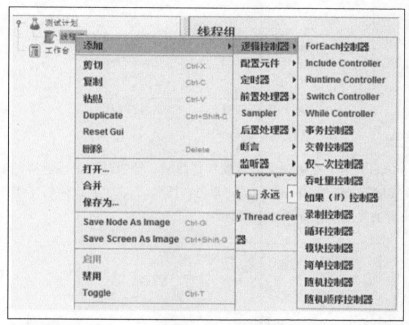

图 2-14 "逻辑控制器"下面的级联菜单

2.5.5 配置元件

配置元件（config element）用于为静态数据配置提供支持。CSV Data Set Config 可以将本地数据文件配置成数据池（data pool），而对于 HTTP 请求取样器和 TCP 取样器等类型的配置元件，则可以修改取样器的默认数据。例如，HTTP Cookie Manager 可以用于对 HTTP 请求取样器的 Cookie 进行管理。HTTP 请求的默认值不会触发 JMeter 发送 HTTP 请求，而只是定义 HTTP 请求的默认属性。右击"测试计划"，选择"添加"→"配置元件"，出现的级联菜单如图 2-15 所示。

第 2 章 JMeter

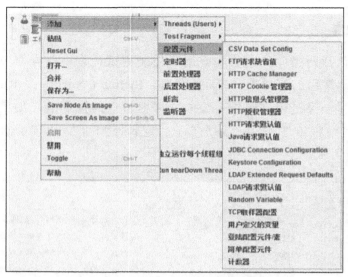

图 2-15 "配置元件"下面的级联菜单

2.5.6 定时器

定时器（timer）用于在操作之间设置等待时间。等待时间是性能测试中控制客户端的常用手段，类似于 LoadRunner 里面的"思考时间"。右击"测试计划"，选择"添加"→"定时器"，出现的级联菜单如图 2-16 所示。

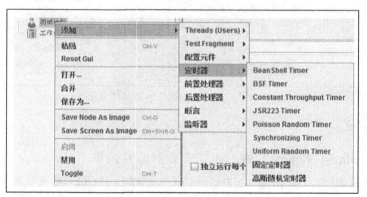

图 2-16 "定时器"下面的级联菜单

2.5.7 前置处理器

前置处理器（pre processor）用于在实际的请求发出之前对即将发出的请求进行特殊处理。右击"测试计划"，选择"添加"→"前置处理器"，出现的级联菜单如图 2-17 所示。

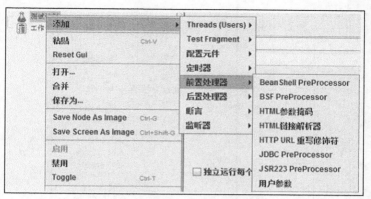

图 2-17 "前置处理器"下面的级联菜单

2.5.8 后置处理器

后置处理器（post processor）用于对取样器发出请求后得到的服务器响应进行处理，一般用来提取响应中的特定数据（类似于 LoadRunner 测试工具中的"关联"概念）。例如，XPath Extractor 可以用于提取响应数据中通过给定 XPath 值获得的数据，正则表达式提取器可以提取响应数据中通过正则表达式获得的数据。右击"测试计划"，选择"添加"→"后置处理器"，出现的级联菜单如图 2-18 所示。

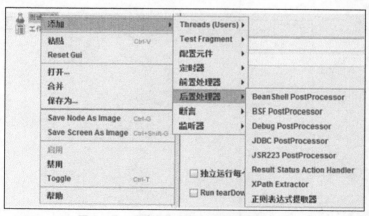

图 2-18 "后置处理器"下面的级联菜单

2.5.9 断言

断言（assertion）用于检查测试中得到的相应数据等是否符合预期，一般用来设置检查点，验证性能测试过程中的数据交互是否与预期一致。右击"测试计划"，选择"添加"→"断言"，出现的级联菜单如图 2-19 所示。

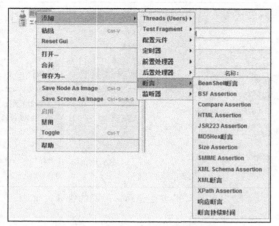

图 2-19 "断言"下面的级联菜单

2.5.10 监听器

监听器（listener）不是用来监听系统资源的元件，而是用来对测试结果进行处理和可视化的一系列元件。右击"测试计划"，选择"添加"→"监听器"，出现的级联菜单如图 2-20 所示。其中"图形结果""查看结果树""聚合报告""用表格查看结果"都是经常用到的选项。

图 2-20 "监听器"下面的级联菜单

2.6 脚本录制方法

JMeter 有两种录制脚本的方法。一种是借助于外部软件 Badboy 来录制，另一种是使用 JMeter 内置的代理服务器来录制。下面对这两种录制方法分别进行介绍。

2.6.1 使用 Badboy 录制

1. Badboy 简介

Badboy 本身是一款独立的测试工具，可以把录制的脚本另存为 JMeter 可识别的 .jmx 文件。推荐使用此方法录制脚本，然后导出到 JMeter 中，主要步骤如下。

（1）从 Badboy 官网下载 Badboy，并安装。

（2）打开 Badboy 工具，进入录制状态（若未进入录制状态，则单击工具栏中的红色圆形按钮），在地址栏中输入被测项目的地址。

（3）录制完成后，再次单击工具栏中的红色圆形按钮，结束录制。

（4）在 Badboy 中，选择 File→Export to JMeter。

（5）打开 JMeter 工具，选择"文件"→"打开"，选择刚才保存的文件（.jmx 类型），并导入。

2. 使用 Badboy 录制脚本的实例

本实例将使用 Badboy 在 ECShop 站点（也可以是任意可打开的应用站点，这里只是举例）中录制一段搜索脚本，在 JMeter 中打开并运行脚本。以下为主要操作步骤。

（1）启动 Badboy，出现的界面如图 2-21 所示。

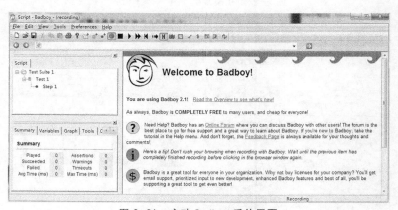

图 2-21　启动 Badboy 后的界面

（2）在地址栏中输入 http://localhost/ecshop，按 Enter 键，如图 2-22 所示。

（3）左侧出现了 HTTP 请求，在搜索框中输入"手机"，如图 2-23 所示。单击"搜索"按钮。此时左侧又多了一个搜索请求，右侧则是搜索出来的内容，如图 2-24 所示。

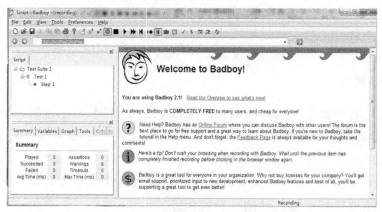

图 2-22　在地址栏中输入 http://localhost/ecshop

图 2-23　在搜索框中输入"手机"

图 2-24　搜索到的内容

（4）单击工具栏中的红色圆形按钮，停止录制。

（5）选择 File→Export to JMeter，如图 2-25 所示，导出到 JMeter 中。

图 2-25　选择 File→Export to JMeter

（6）将刚才录制的文件另存为 search1.jmx，如图 2-26 所示。

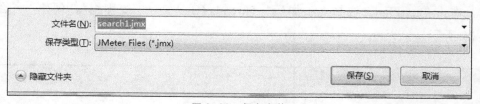

图 2-26　保存文件

（7）启动 JMeter，打开 search1.jmx 文件，确认脚本导入无误，如图 2-27 所示。

图 2-27　打开文件

（8）查看导入的 search1.jmx，展开左侧树状结构，可以看到 Step 1 下有两个 HTTP 请求。一个是打开 ECShop 站点的请求，另一个是搜索关键字的请求，如图 2-28 所示。

图 2-28　导入后的树状结构

2.6.2　使用 JMeter 内置的代理服务器录制

使用 JMeter 内置的代理服务器录制的步骤如下。

1．JMeter 的设置

JMeter 的设置步骤如下。

（1）右击 Test Plan，选择"添加"→Threads (Users)→"线程组"，创建一个线程组，如图 2-29 所示。

图 2-29　创建线程组

（2）右击"线程组"，选择"添加"→"配置元件"→"HTTP 请求默认值"，添加 HTTP 请求默认值，如图 2-30 所示。

（3）在"HTTP 请求默认值"界面中，设置"服务器名称或 IP"及"端口号"，如图 2-31 所示。在"Web 服务器"选项区域中，把"服务器名称或 IP"设置为 localhost/ecshop，把"端口号"设置为 80。

2.6 脚本录制方法

图 2-30 添加 HTTP 请求默认值

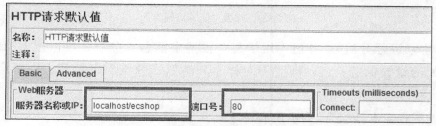

图 2-31 在"HTTP 请求默认值"界面中设置相关信息

（4）右击"工作台"，在弹出的快捷菜单中选择"添加"→"非测试元件"→"HTTP 代理服务器"，添加 HTTP 代理服务器，如图 2-32 所示。

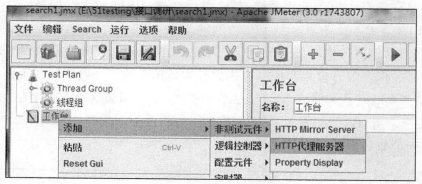

图 2-32 添加 HTTP 代理服务器

（5）在"HTTP 代理服务器"界面中，进行相关设置，具体步骤如下。

① 在 Global Settings 选项区域中，把"端口"设置为 8080（可自行修改，但不要与其他应用端口冲突），如图 2-33 所示。

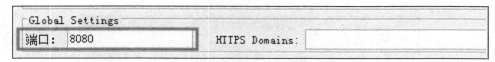

图 2-33　设置端口号

② 在"目标控制器"下拉列表中选择录制脚本的存放位置,指明代理录制的脚本会存放在测试树的哪个分支下,这里选择"Test Plan>线程组"选项,如图 2-34 所示。

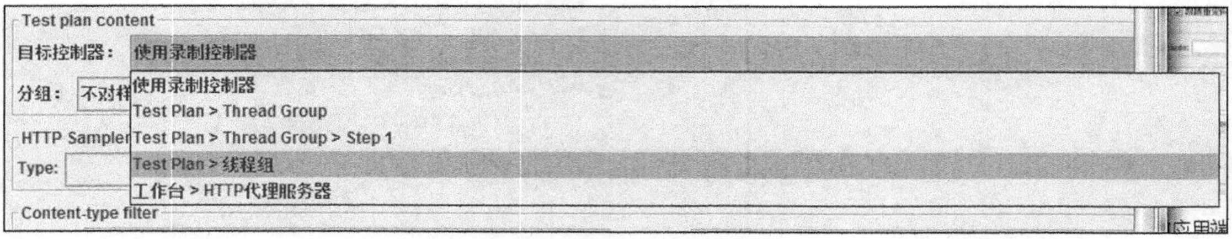

图 2-34　设置"目标控制器"

③ 对请求进行分组。"分组"用于将一批请求汇总、分组,可以把 URL 请求理解为组。此处的设置保持不变,即"不对样本分组"。"分组"下拉列表中每个选项的含义如下。

- "不对样本分组":列出所有请求。
- "在组间添加分隔":加入一个以分隔线命名的虚拟动作,与"不对样本分组"相同,无实际意义。
- "每个组放入一个新的控制器":执行时按控制器给出输出结果。
- "只存储每个组的第一个样本":对于一次 URL 请求,如果实际上有很多次 HTTP 请求,就选择这个选项。

④ 在"包含模式"中添加一个空行,写上".*\.php",表示将要录制的是所有 PHP 页面。用户必须保证包含模式和排除模式的设置是正确的。一些常用的页面类型样式包括".*\.php"".*\.jsp"".*\.html"".*\.htm"和".*\.js"。因为这里需要录制的 ECShop 网页是 PHP 页面,所以在"包含模式"中只添加".*\.php",如图 2-35 所示。"HTTP 代理服务器"界面的整体设置如图 2-36 所示。

图 2-35　设置"包含模式"

2.6 脚本录制方法

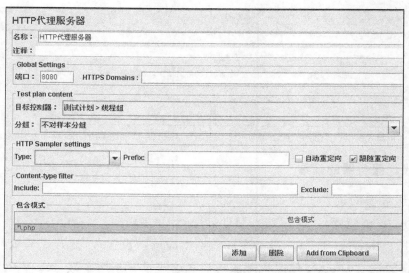

图 2-36 "HTTP 代理服务器"界面的整体设置

（6）单击"启动"按钮，如图 2-37 所示。

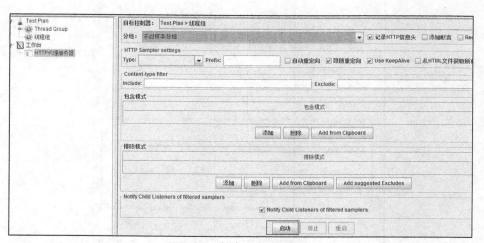

图 2-37 单击"启动"按钮

（7）进入"Root CA certificate: ApacheJMeterTemporaryRootCA created in JMeter bin directory"界面，如图 2-38 所示。单击"确定"按钮，即完成了 JMeter 的设置。

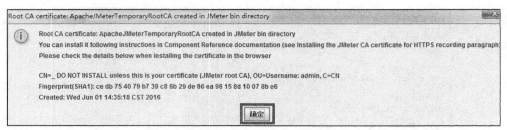

图 2-38 "Root CA certificate: ApacheJMeterTemporaryRootCA created in JMeter bin directory"界面

2. IE 代理服务器的设置

IE 代理服务器的设置步骤如下。

(1) 打开 IE 浏览器。

(2) 选择"Internet 选项"→"连接"→"局域网设置", 打开"局域网(LAN)设置"对话框, 勾选"为 LAN 使用代理服务器(这些设置不用于拨号或 VPN 连接)"复选框, 并勾选"对于本地地址不使用代理服务器"复选框, 如图 2-39 所示。其中端口号必须和之前在 JMeter 中设置的一致。设置之后, 单击"确定"按钮。

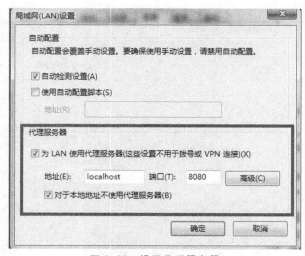

图 2-39 设置代理服务器

(3) 关闭 IE 浏览器, 并重新启动 IE 浏览器。在 IE 浏览器的地址栏中输入一个可访问的网址, 进入主页后随意单击页面上的链接或者菜单。JMeter 会自动记录 IE 浏览器所访问的页面, 可以看到 JMeter 左侧的目录树一直在持续不断发送请求, 如图 2-40 所示。

2.6 脚本录制方法

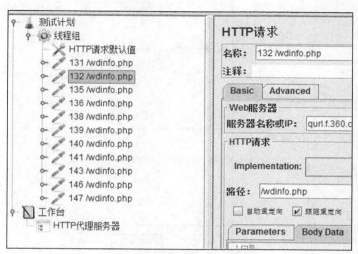

图 2-40 发送的 HTTP 请求

（4）回到工作台下的 HTTP 代理服务器中，单击"停止"按钮，停止录制，如图 2-41 所示。

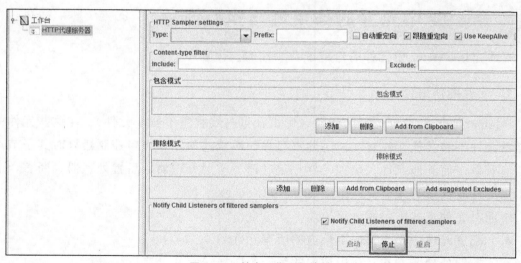

图 2-41 单击"停止"按钮

（5）回到"局域网（LAN）设置"对话框中，取消勾选"为 LAN 使用代理服务器（这些设置不用于拨号或 VPN 连接）"复选框，取消勾选"对于本地地址不使用代理服务器"复选框，如图 2-42 所示，并关闭 IE 浏览器。

图 2-42 关闭 IE 的代理服务器

注意：此处必须关闭之前的代理服务器，否则访问网页时会出现问题。

2.7 JMeter 中元件的作用域与执行顺序

下面介绍 JMeter 中元件的作用域及元件的执行顺序。

1. 元件的作用域

JMeter 共有 8 类可执行的元件（测试计划与线程组不属于元件）。在这些元件中，取样器元件不和其他元件交互，因此不存在作用域的问题。逻辑控制器只对其子节点的取样器有效，而其他元件（配置元件、定时器、前置处理器、后置处理器、断言、监听器）需要与取样器等元件交互。

下面对元件及其作用域进行描述。

- 配置元件：影响其作用域内的所有元件。
- 前置处理器：在其作用域内的每一个取样器元件之前执行。
- 定时器：对其作用域内的每一个取样器有效。
- 后置处理器：在其作用域内的每一个取样器元件之后执行。
- 断言：对其作用域内的每一个取样器元件执行后的结果进行校验。
- 监听器：收集其作用域内每一个取样器元件的信息并呈现。

在 JMeter 中，元件的作用域是靠测试计划的树状结构中元件的父子关系来确定的，

2.7 JMeter 中元件的作用域与执行顺序

关于作用域的其他原则如下。

- 除取样器和逻辑控制器元件之外，对于其他 6 类元件，如果该元件是某个取样器的子节点，则该元件会对其父节点起作用。
- 除取样器和逻辑控制器元件之外，对于其他 6 类元件，如果其父节点不是取样器，则其作用域是该元件父节点下的其他所有后代节点（包括子节点、子节点的子节点等）。

2. 实例

[实例一] 说明图 2-43 中元件的作用域。

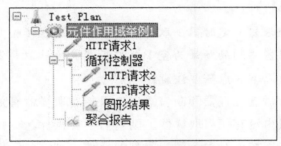

图 2-43　关于元件作用域的实例一

答案如下。

- HTTP 请求 1、2、3 无作用域的概念。
- 循环控制器的作用域包括 HTTP 请求 2、3，以及图形结果。
- 图形结果的作用域包括 HTTP 请求 2、3。
- 聚合报告的作用域包括 HTTP 请求 1、2、3。

[实例二] 说明图 2-44 中元件的作用域。

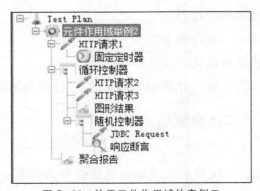

图 2-44　关于元件作用域的实例二

答案如下。
- 固定定时器的作用域包括 HTTP 请求 1。
- 循环控制器的作用域包括 HTTP 请求 2、3，以及图形结果和随机控制器。
- 图形结果的作用域包括 HTTP 请求 2、3。
- 响应断言的作用域包括 JDBC 请求。
- 聚合报告的作用域包括所有请求。

3. 元件的执行顺序

了解了元件的作用域之后，再来看看元件的执行顺序。在同一作用域内，测试计划中的元件按照如下顺序执行。

配置元件→前置处理器→定时器→取样器→后置处理器（除非取样器得到的结果为空）→断言（除非取样器得到的结果为空）→监听器（除非取样器得到的结果为空）

关于执行顺序，有以下 3 点需要注意。
- 前置处理器、后置处理器和断言等元件只能对取样器有效，因此，如果在这些元件的作用域内没有任何取样器，则它们不会执行。
- 如果在同一作用域内有多个同一类型的元件，则这些元件按照它们在测试计划中的顺序依次执行。
- 一个断言在测试树中是分等级的。如果断言的父元件是请求，则断言被应用于该请求。如果断言的父元件是控制器，则断言影响该控制器下的所有请求。

2.8 JMeter 的参数化设置

JMeter 像 LoadRunner 一样，也有参数化。JMeter 的参数化有以下 3 种形式。
- 通过添加前置处理器参数化。
- 通过 CSV Data Set Config 参数化。
- 借助函数助手随机参数化。

接下来以登录操作为例，逐一介绍 JMeter 的参数化如何实现。

2.8.1 通过添加前置处理器参数化

操作步骤如下。

（1）通过 Badboy 录制一段登录 ECShop 网站的测试脚本，另存为 login.jmx，分别如图 2-45 和图 2-46 所示。

2.8 JMeter 的参数化设置

图 2-45 录制脚本的界面

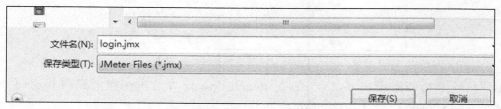

图 2-46 导出到 JMeter 中，另存为 login.jmx

（2）启动 JMeter，打开之前用 Badboy 录制的 login.jmx，如图 2-47 所示。

（3）通过添加前置处理器参数化，如图 2-48 所示。

（4）建立用户参数列表。在"用户参数"选项区域中设置如下信息。

① 把"名称"设置为"登录"。

② 勾选"每次迭代更新一次"复选框，此处和 LoadRunner 中的意义相同，每次迭代时都取新的参数。

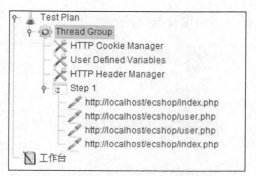

图 2-47 在 JMeter 中打开之前用 Badboy 录制的 login.jmx

③ 通过"添加变量"按钮和"添加用户"按钮来建立参数列表。
- "添加变量"：用来定义用户变量名。
- "添加用户"：用来确定用户变量的值。

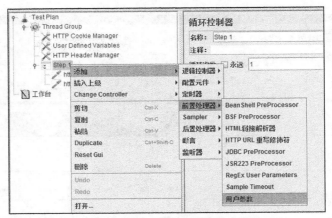

图 2-48　通过添加前置处理器参数化

④ 此处添加两组用户参数，分别是 uname、pwd，并给出两组登录名和密码（test1、123456，test2、123456），如图 2-49 所示。

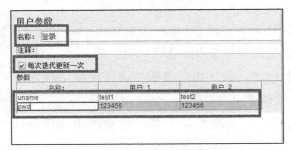

图 2-49　添加两组用户参数

⑤ 添加完毕后，整体效果如图 2-50 所示。

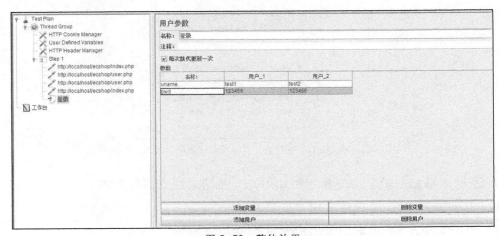

图 2-50　整体效果

（5）在请求中替换参数列表。

① 找到实际登录的 HTTP 请求，如图 2-51 所示。

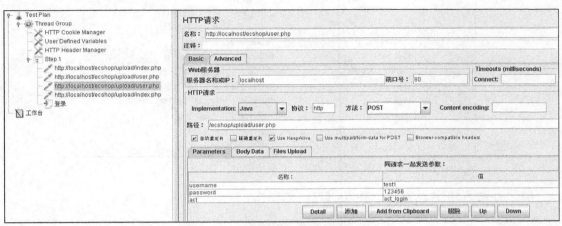

图 2-51 找到实际登录的 HTTP 请求

② 把对应的实际值替换成用户参数。此处的参数格式为${参数名}，因为之前定义了两个用户参数，一个是 uname（用于存放用户名），另一个是 pwd（用来存放密码），所以这里将原始数据分别替换成${uname}和${pwd}。HTTP 请求中的原始数据如图 2-52 所示。替换后的数据如图 2-53 所示。

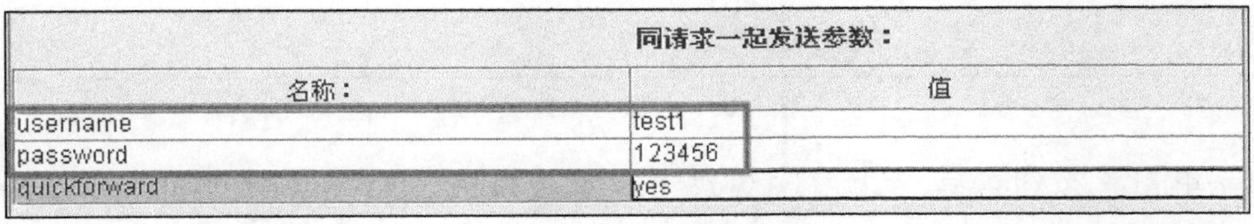

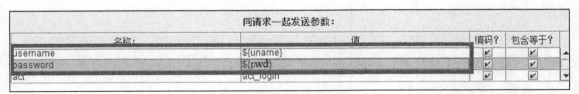

同请求一起发送参数：

名称：	值
username	test1
password	123456
quickforward	yes

图 2-52 原始数据

同请求一起发送参数：

名称：	值	编码？	包含等于？
username	${uname}	✓	✓
password	${pwd}	✓	✓
act	act_login	✓	✓

图 2-53 替换后的数据

（6）给当前的测试用例添加“查看结果树”监听器，如图 2-54 所示。

图 2-54 添加"查看结果树"监听器

（7）在线程组中设置两个并发用户，如图 2-55 所示。

图 2-55 设置两个并发用户

（8）单击▶按钮，待停止后，观察"查看结果树"监听器中的信息。可以看出，带参数的 HTTP 请求能自动调用之前设置的参数列表中的数据，如图 2-56 和图 2-57 所示。

图 2-56 "查看结果树"监听器中的信息（一）

2.8 JMeter 的参数化设置

图 2-57 "查看结果树"监听器中的信息（二）

2.8.2 通过 CSV Data Set Config 参数化

通过 CSV Data Set Config 参数化的操作步骤如下。

（1）打开 JMeter，导入之前录制的脚本 login.jmx。

（2）新建记事本文件 login.txt，在记事本中输入图 2-58 所示信息，数据之间用逗号分隔。

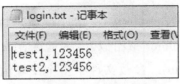

图 2-58 文件 login.txt

（3）右击 Step 1，选择"添加"→"配置元件"→CSV Data Set Config，添加 CSV Data Set Config 配置元件，如图 2-59 所示。这会打开 CSV Data Set Config 窗格，如图 2-60 所示。

图 2-59 添加 CSV Data Set Config 配置元件

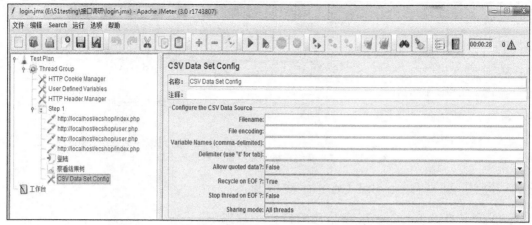

图 2-60　CSV Data Set Config 窗格

CSV Data Set Config 窗格中的常用选项如下。

- Filename：文件名，即参数化要引用的文件名。
- File encoding：文件编码，可以不填。
- Variable Names (comma-delimited)：多个变量可以引用同一个文件。变量之间用逗号分隔（和 LoadRunner 中相似），这里设置为"uname, pwd"。
- Delimiter(use '\t' for tab)：参数文件中多个变量值之间的分隔符，默认是逗号。

（4）在 CSV Data Set Config 窗格中进行图 2-61 所示设置。此处只需要填入参数化列表文件的路径、变量名即可，其余选项保持默认设置。

（5）之后的步骤请参照使用前置处理器添加用户参数的步骤。

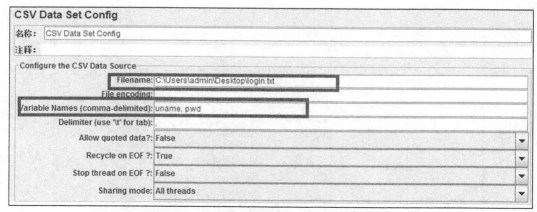

图 2-61　CSV Data Set Config 窗格中的具体设置

2.8.3 借助函数助手随机参数化

借助函数助手随机参数化的操作步骤如下。

（1）启动 JMeter，导入 login.jmx 脚本。

（2）在菜单栏中，选择"选项"→"函数助手对话框"，如图 2-62 所示。

图 2-62 选择"选项"→"函数助手对话框"

（3）在弹出的"函数助手"对话框（见图 2-63）中，选择__Random 功能。输入最小值和最大值，单击"生成"按钮，即可获得生成的函数字符串。

（4）复制刚才生成的函数字符串"${__Random(1,100,)}"。

（5）找到相关 HTTP 请求中所带的参数，用函数字符串替换 HTTP 实际请求参数，如图 2-64 所示。

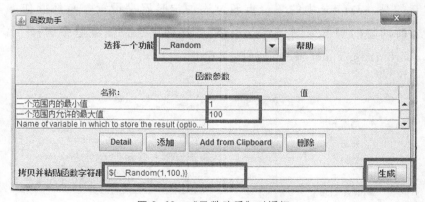

图 2-63 "函数助手"对话框

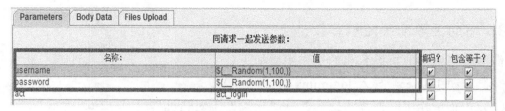

图 2-64　用函数字符串替换 HTTP 实际请求参数

（6）添加"查看结果树"监听器，设置并发用户数为 2。

（7）运行测试。运行完毕后观察"查看结果树"监听器中的信息，发现用户名和密码的值都是随机生成的，如图 2-65 所示。

图 2-65　随机生成用户名和密码的值

2.9　设置 JMeter 集合点

虽然"性能测试"可理解为"多用户并发测试"，但真正的并发是不存在的。为了更真实地实现并发，可以在压力较大的地方设置集合点。以用户名和密码为例，每当需要输入用户名和密码时，所有虚拟用户相互等一等，然后一起访问。

需要注意的是，JMeter 中的集合点通过添加定时器来设置，具体操作如下。

（1）以之前创建的脚本为例，右击 Step 1，在弹出的快捷菜单中选择"添加"→"定时器"→Synchronizing Timer 命令，如图 2-66 所示。

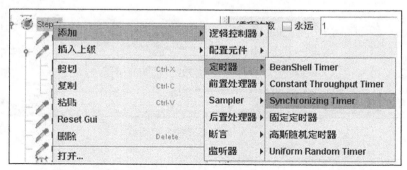

图 2-66　选择"添加"→"定时器"→Synchronizing Timer

（2）进入 Synchronizing Timer 界面，按图 2-67 所示进行设置。

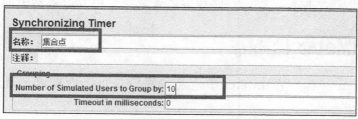

图 2-67　更改 Synchronizing Timer 的配置

① 更改"名称"为"集合点"

② 设置 Number of Simulated Users to Group by 为 10（表示当 10 个用户到达的时候开始集合点的并发）。

（3）在"线程组"界面中，设置"线程数"为 20，如图 2-68 所示。

图 2-68　设置"线程数"为 20

（4）调整集合点的位置，如图 2-69 所示。集合点的位置一定要在取样器之前，和 LoadRunner 一样，要放到集合的操作之前。

图 2-69　调整集合点的位置

（5）添加"查看结果树"和"聚合报告"监听器。
（6）单击"运行"按钮，在运行时观察"查看结果树"监听器中的信息。

2.10 设置 JMeter 检查点

和 LoadRunner 一样，在 JMeter 中也能设置检查点，检查点是通过添加断言来设置的。

2.10.1 添加内容检查断言

前面对用户名和密码进行了参数化，那么怎样判断 JMeter 有没有正确调用 t.dat 里面的文件并且用户成功登录呢？这时需要插入一个检查点来验证用户是否成功登录。具体操作步骤如下。

（1）在 JMeter 中导入之前录制的脚本 login.jmx。
（2）参数化登录的用户名和密码。
（3）为相应的请求添加断言。
（4）为登录后的页面添加响应断言，如图 2-70 所示。

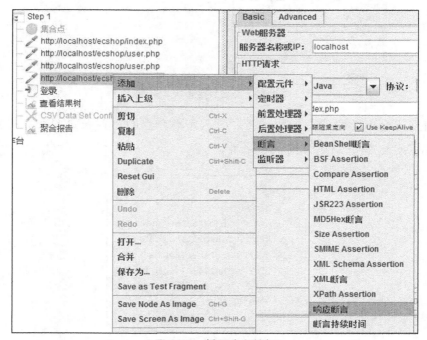

图 2-70 插入响应断言

2.10 设置 JMeter 检查点

（5）在"响应断言"界面中设置要检查的内容。此处要判定用户是否成功登录，登录成功的界面上应该会显示相应的用户名，所以在检查点中添加要验证的内容。

① 如图 2-71 所示，单击"响应断言"界面底部的"添加"按钮。
② 把"模式匹配规则"设置为"包括"。
③ 在要测试的模式中添加"${uname}"，代表要检查的用户名。

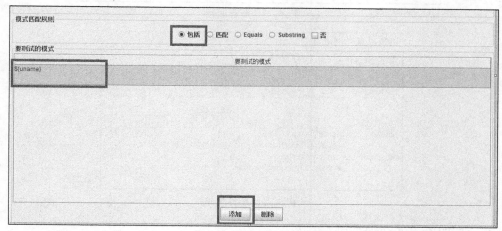

图 2-71　设置断言内容

（6）为相应请求添加断言结果，如图 2-72 所示。

图 2-72　为请求添加断言结果

（7）单击"运行"按钮，运行后观察断言结果。若断言成功，就只会显示一两行结果；否则，会显示多行结果。图 2-73 所示结果代表断言通过。图 2-74 所示结果代表断言失败。

第 2 章 JMeter

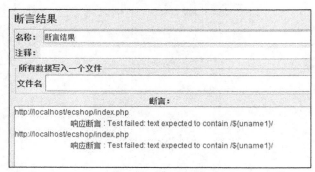

图 2-73　断言通过

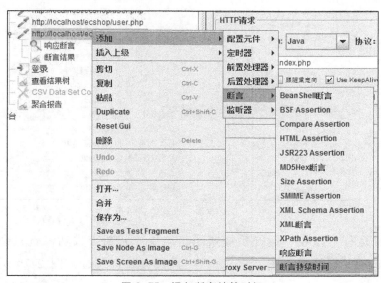

图 2-74　断言失败

2.10.2　添加断言持续时间

响应时间的最大值就是断言持续时间。添加断言持续时间的具体操作步骤如下。

（1）接着上面的例子，添加断言持续时间，如图 2-75 所示。

图 2-75　添加断言持续时间

2.10 设置 JMeter 检查点

（2）设置断言持续时间。如果超过了这个时间，断言还没有响应，那就代表失败。这里设置"持续时间"为 1ms，用于确认断言是否能在 1ms 内响应，如图 2-76 所示。

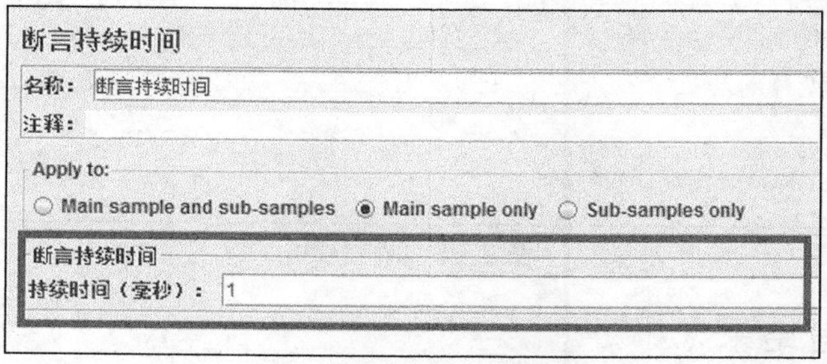

图 2-76　设置断言"持续时间"

（3）运行完毕后，断言结果如图 2-77 所示。由断言结果可知，断言持续时间超过了预设的时间，断言失败。

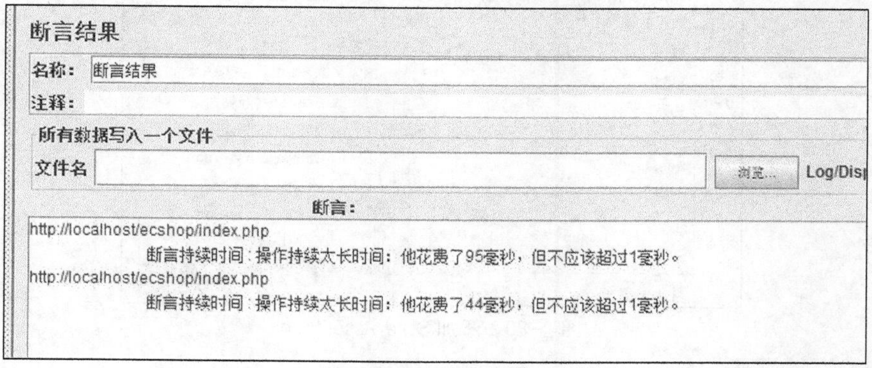

图 2-77　断言结果

（4）把断言"持续时间"更改为 100ms，如图 2-78 所示。运行后，断言成功，如图 2-79 所示。

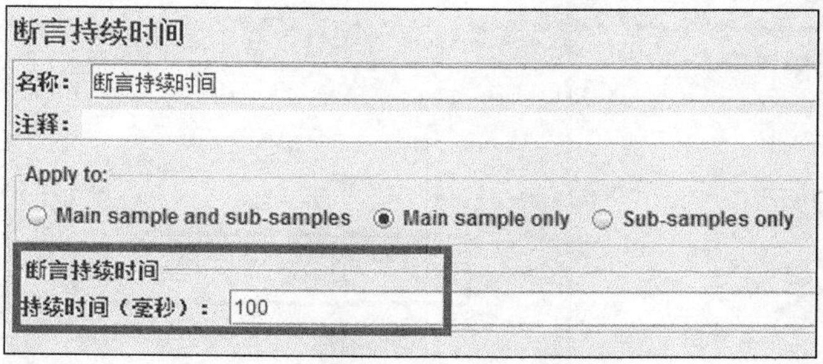

图 2-78　更改断言"持续时间"

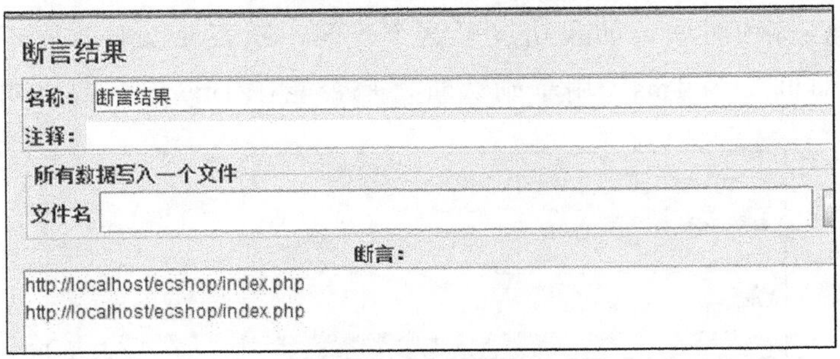

图 2-79 断言成功

2.10.3 设置断言结果大小

断言结果大小用于判断返回结果的大小。设置断言结果大小的步骤如下。

（1）在上面的例子的基础上，添加 Size Assertion，如图 2-80 所示。

图 2-80 添加 Size Assertion

（2）这里设置响应结果小于 900 字节，如图 2-81 所示。

图 2-81 设置响应结果小于 900 字节

（3）运行完毕后，断言结果如图 2-82 所示，说明返回的响应结果远远大于 900 字节，断言失败。

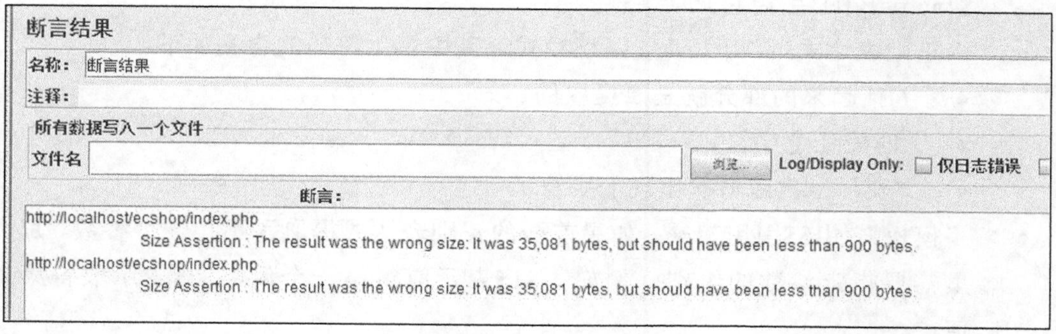

图 2-82　断言失败

2.11　设置 JMeter 关联

在 JMeter 中，通过右击请求，选择"添加"→"后置处理器"→"正则表达式提取器"，可以设置关联。

1. 正则表达式提取器

右击要获得数据的上一个请求，在弹出的快捷菜单中选择"添加"→"后置处理器"→"正则表达式提取器"命令，打开"正则表达式提取器"界面，如图 2-83 所示。

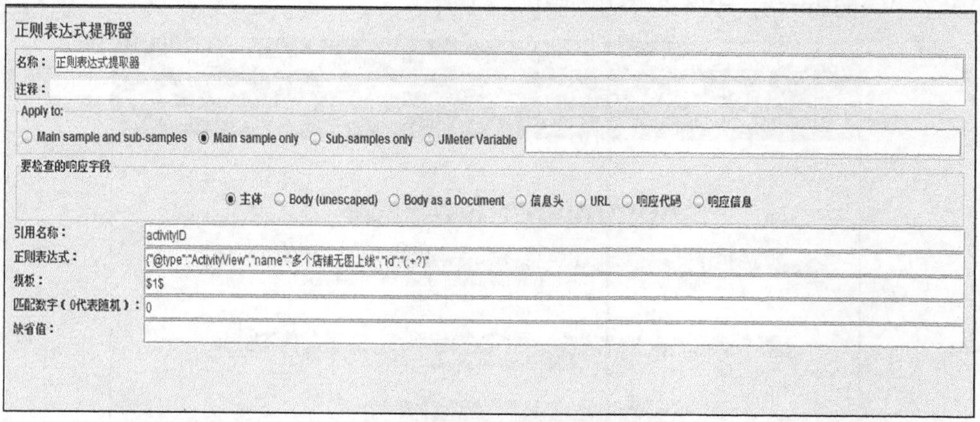

图 2-83　"正则表达式提取器"界面

以下对常用选项进行解释。

- "引用名称"：下一个请求要引用的参数名称，如果填写 activityID，则可用 ${activityID}引用它。
- "正则表达式"：用于设置匹配模式。其中常用符号的含义如下。
    - ()括起来的部分就是要提取的。
    - .匹配任意字符。
    - *表示一次或多次出现的字符。
- "模板"：用$$引用起来，如果前面的正则表达式提取了不止一个参数，那么这里需要指定参数的组别。例如，1表示取得第一个值，2表示取得第二个值，……
- "匹配数字（0 代表随机）"：0 代表随机值，1 代表全部值。
- "缺省值"：如果参数没有取到值，那么取缺省值。

例如，测试人员期望匹配 Web 页面的如下部分。

```
name = "file" value = "readme.txt">
```

要提取 readme.txt，一个符合要求的正则表达式如下。

```
name = "file" value = "(.*)">;
```

2. 设置关联

这里以登录 WebTours 为例进行演示，操作步骤如下。

（1）在 WebTours 中开启关联，如图 2-84 所示。

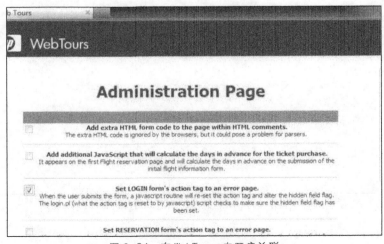

图 2-84　在 WebTours 中开启关联

（2）利用 Badboy 录制登录操作。

（3）把脚本导入 JMeter，如图 2-85 所示。

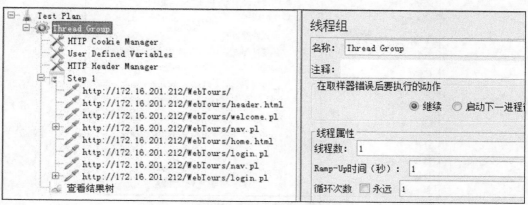

图 2-85　导入 JMeter 后的脚本

（4）找出需要关联的请求。

首先回放脚本，看是否正确。如果正确，则说明不需要关联；如果不正确，就要排除问题，看是否需要关联，找到随 HTTP 请求发送的参数。如果这些参数是没有规律的，比如是一大串数字与字母的组合（在实际中，可以找开发人员确认），则它们往往就是需要关联的参数。

在登录 WebTours 页面时，会生成一个用户会话，这就是需要动态关联的（和 LoadRunner 中一样）。

（5）为该请求添加后置处理器，具体操作步骤如下。

① 找到左边目录树下的 HTTP 请求 http://127.0.0.1/WebTours/nav.pl（见图 2-86）。

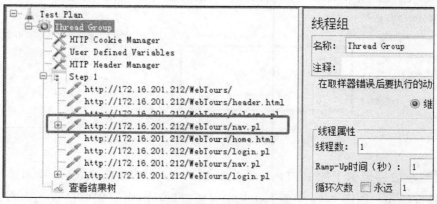

图 2-86　找到左边目录树下的 HTTP 请求

② 为该请求添加正则表达式提取器，如图 2-87 所示。

图 2-87　添加正则表达式提取器

③ 在"正则表达式提取器"界面中进行设置，如图 2-88 所示。
- 把"引用名称"设置为 session。
- 把"正则表达式"设置为 name=userSession value =(.*)>。
- 把"模板"设置为1。
- 把"匹配数字（0 代表随机）"设置为 1。

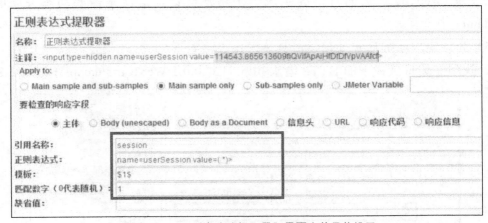

图 2-88　"正则表达式提取器"界面中的具体设置

④ 找到左边目录树下的 HTTP 请求 http://127.0.0.1/WebTours/nav.pl，为该请求添加响应断言和断言结果，如图 2-89 所示。在"响应断言"界面中设置要检查的内容，如图 2-90

所示。

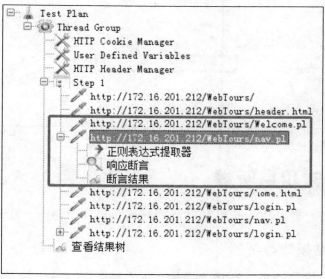

图 2-89 添加响应断言和断言结果

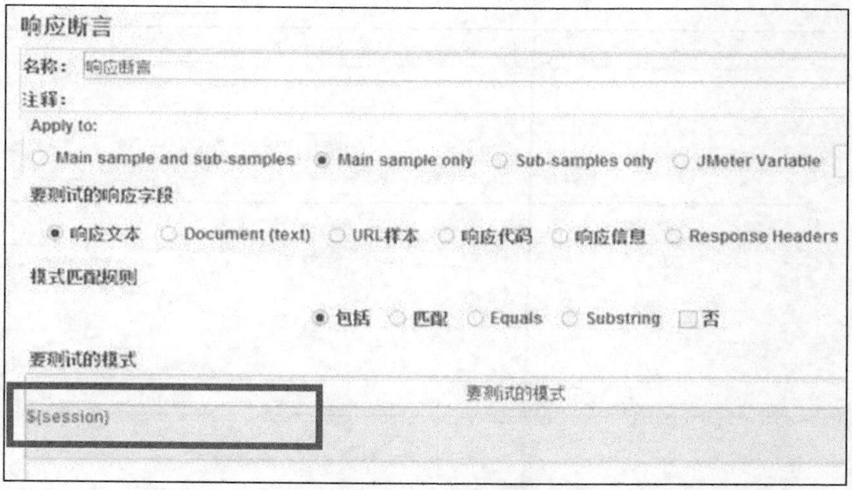

图 2-90 在"响应断言"界面中设置要检查的内容

⑤ 运行并查看断言结果,没有报错,所以正确运行,如图 2-91 所示。

第 2 章　JMeter

图 2-91　查看断言结果，没有报错

2.12　JMeter 常用监听器

像 LoadRunner 一样，JMeter 也有自己的测试结果分析器——监听器。

2.12.1　"图形结果"监听器

在 JMeter 中，右击请求，选择"添加"→"监听器"→"图形结果"，添加"图形结果"监听器。弹出的"图形结果"界面如图 2-92 所示。

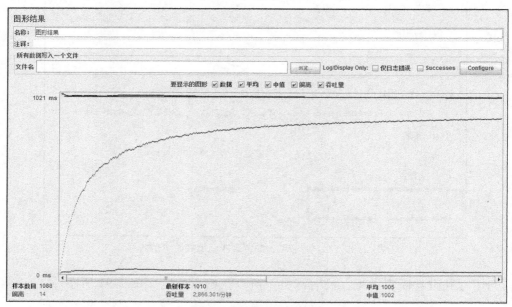

图 2-92　"图形结果"界面

在该界面的图形中，注意以下几项。

- "样本数目"：运行时得到的取样器响应结果个数。
- "最新样本"：最近一个取样器结果的响应时间。
- "平均"：所有取样器结果的响应时间平均值。
- "偏离"：所有取样器结果的响应时间标准差。
- "吞吐量"：每分钟响应的取样器结果个数。
- "中值"：所有取样器结果的响应时间中值。

"图形结果"界面中显示的曲线为随时间变化的曲线，但 x 轴不是时间轴，而是取样器个数的均匀分布轴。

2.12.2 "查看结果树"监听器

在 JMeter 中，右击请求，选择"添加"→"监听器"→"查看结果树"，添加"查看结果树"监听器。弹出的"查看结果树"界面如图 2-93 所示。

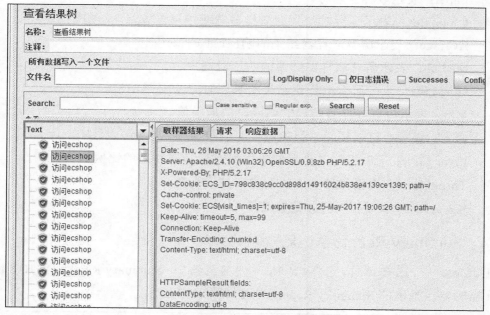

图 2-93 "查看结果树"界面

在该界面中注意以下几个选项卡。

- "取样器结果"选项卡：显示的是取样器相关参数（客户端参数与响应参数）。
- "请求"选项卡：显示 HTTP 请求。
- "响应数据"选项卡：显示 HTTP 响应返回的数据。

2.12.3 "聚合报告"监听器

在 JMeter 中,右击请求,选择"添加"→"监听器"→"聚合报告",添加"聚合报告"监听器。弹出的"聚合报告"界面如图 2-94 所示。

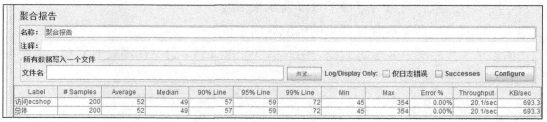

图 2-94 "聚合报告"界面

在该界面中注意以下字段。

- Label:表示取样器名称。
- # Samples:表示运行时得到的取样器响应结果个数。
- Average:表示所有取样器结果的响应时间平均值。
- Median:表示所有取样器结果的响应时间中值。
- 90% Line:表示所有取样器结果的响应时间 90%的曲线。
- Min:表示所有取样器结果的响应时间最小值。
- Max:表示所有取样器结果的响应时间最大值。
- Error %:表示出错的取样器结果占所有取样器结果的比例。
- Throughput:表示每秒响应的取样器结果个数。
- KB/sec:表示每秒响应的数据流量。

2.12.4 Summary Report 监听器

在 JMeter 中,右击请求,选择"添加"→"监听器"→Summary Report,添加 Summary Report 监听器。弹出的 Summary Report 界面如图 2-95 所示。

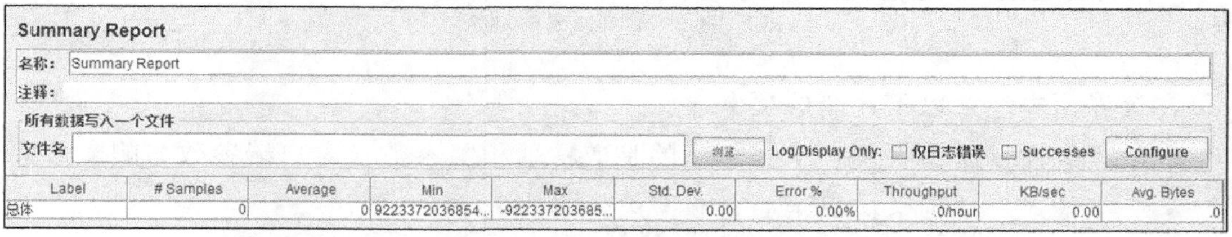

图 2-95 Summary Report 界面

在该界面中注意以下字段。
- Label：表示取样器名称。
- # Samples：表示运行时得到的取样器响应结果个数。
- Average：表示所有取样器结果的响应时间平均值。
- Min：表示所有取样器结果的响应时间最小值。
- Max：表示所有取样器结果的响应时间最大值。
- Std. Dev.：表示所有取样器结果的响应时间标准差。
- Error %：表示出错的取样器结果占所有取样器结果的比例。
- Throughput：表示每秒响应的取样器结果个数。
- KB/sec：表示每秒响应的数据流量。
- Avg. Bytes：表示所有取样器返回的 HTTP 响应数据字节大小的平均值。

将响应情况保存到文件中以供统计的操作过程如下。

（1）给单个取样器添加监听器后，在 Summary Report 界面中，在"所有数据写入一个文件"选项区域中，在"文件名"文本框中输入记录响应情况的文件名，或者单击"浏览"按钮选择文件。

（2）可使用绝对路径，也可使用相对路径，相对路径是相对于基准目录的脚本保存路径。

（3）当多个取样器使用一个监听器时，得到的统计结果是累加起来的。

2.13 在非 GUI 模式下运行 JMeter

JMeter 是一款非常不错的开源压力测试工具，不过在使用的过程中它可能会存在一些问题，例如，在 GUI 模式下运行脚本非常消耗资源。通过非 GUI 模式（即命令行模式）运行 JMeter 测试脚本就能够大大缩减所需要的系统资源。

非 GUI 模式包括在 Windows 系统和 Linux 系统下运行。这里演示在 Windows 系统下如何使用 DOS 命令运行脚本（在 Linux 系统中与之类似）。下面将通过非 GUI 模式运行之前录制的脚本。具体操作步骤如下。

（1）打开 Windows 系统的命令行界面，进入 DOS 命令行窗口，通过 cd 切换到安装 JMeter 的 bin 目录，如图 2-96 所示。

图 2-96 DOS 命令行窗口

（2）把之前录制的 search1.jmx 脚本放到安装 JMeter 的 bin 目录下，在 DOS 命令行窗口中执行如下命令（如图 2-97 所示）。

```
jmeter -n -t search1.jmx -l search1.jtl
```

图 2-97 在 DOS 命令行窗口中执行命令

命令中的参数解释如下。
- 选项 -n 表示 non-GUI。
- 选项 -t 指定要运行的 JMeter 脚本文件。
- 选项 -l 表示记录采样器日志的文件，运行后会自动生成。

JMeter 默认在当前目录下寻找脚本文件，并把日志保存在当前目录中。如果待运行的脚本在其他目录中，并且执行结果存放到其他目录，则需要使用绝对路径，如 jmeter -n -t D:\ABC\TEST\search1.jmx -l D:\ABC\TEST\search1.jtl。

运行结果如图 2-98 所示。

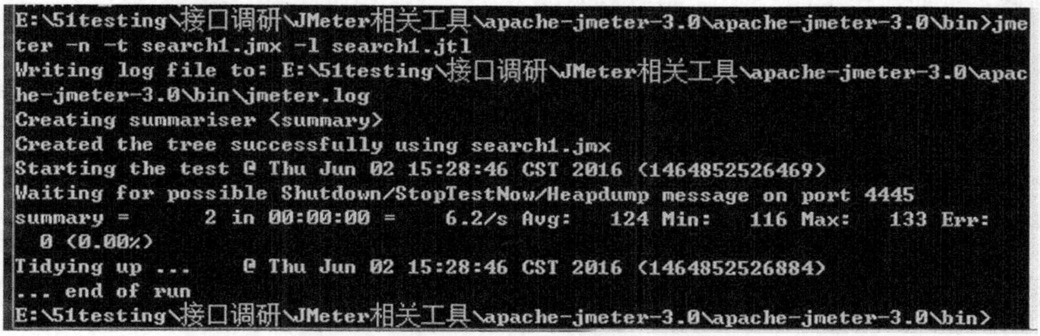

图 2-98 运行结果

（3）启动 JMeter 图形界面。打开 search1.jmx，添加监听器，如 Summary Report 监听器。在 Summary Report 界面通过"浏览"按钮打开 search1.jtl，可以看到相应的运行结果分析，如图 2-99 所示。

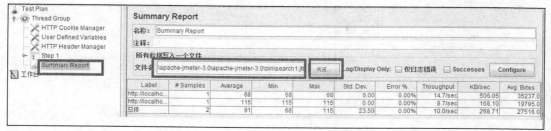

图 2-99　运行结果分析

2.14　实例 1：使用 JMeter 创建 Web 测试计划

本实例将演示在 HTTP 下进行 Web 站点的性能测试。

性能测试的计划如下。

- Web 站点：ECShop 网站（也可以是其他网站）。
- 环境：Windows 系统。
- 需求：不同数量的用户并发登录。
- 场景如下。
  - ♦ 每秒增加两个线程，运行 2000 次。
  - ♦ 5 个用户到达的时候开始并发。
  - ♦ 分别查看 20、40、80 个用户并发登录时的性能。
  - ♦ 要监控成功率、响应时间、标准差等。

具体操作步骤如下。

（1）启动 ECShop 服务，开启 ECShop 页面，手动注册几组新用户，准备测试数据。例如，用户 1 的用户名是 test1，密码是 123456；用户 2 的用户名是 test2，密码是 123456。

（2）使用 Badboy 录制登录操作。

（3）导入 JMeter，在 JMeter 中打开刚才录制的登录操作脚本。

（4）将用户名和密码分别参数化，如图 2-100 所示。此处参数化可分别用两种方法实现，读者可以任意选择一种。或者通过添加前置处理器参数化，或者通过 CSV Data Set

Config 参数化。

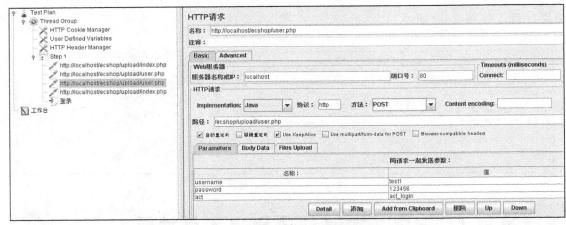

图 2-100　参数化设置

（5）设置检查点，验证成功登录。

（6）添加响应断言，如图 2-101 所示。

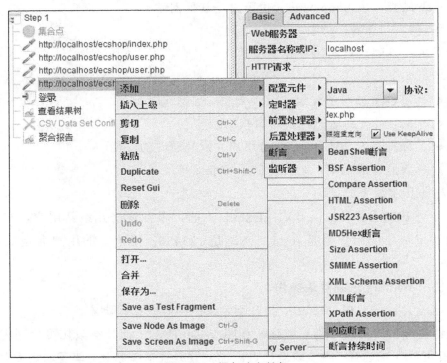

图 2-101　添加响应断言

（7）设置响应断言的内容，如图 2-102 所示。

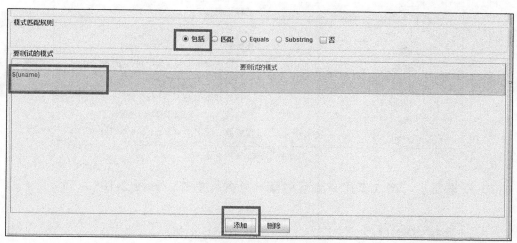

图 2-102 设置响应断言的内容

（8）添加断言结果，如图 2-103 所示。

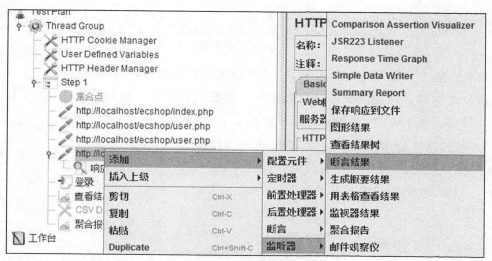

图 2-103 添加断言结果

（9）设置集合点。

（10）添加同步定时器，如图 2-104 所示。

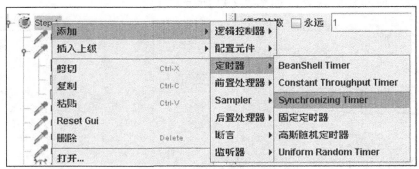

图 2-104　添加同步定时器

（11）根据需求，当 5 个用户到达时就开始并发操作，如图 2-105 所示。

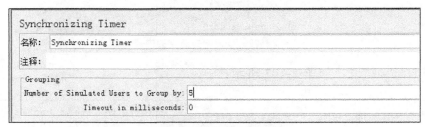

图 2-105　设置并发用户数

（12）添加"查看结果树"监听器、"聚合报告"监听器。

（13）设置场景。在"线程组"界面中，根据项目需求，分别设置场景。

① 设置场景 1 中的"线程属性"，如图 2-106 所示。

- 每秒增加两个线程，运行 2000 次。
- 在 5 个用户到达的时候开始并发操作。
- 设置 20 个用户并发操作的场景。

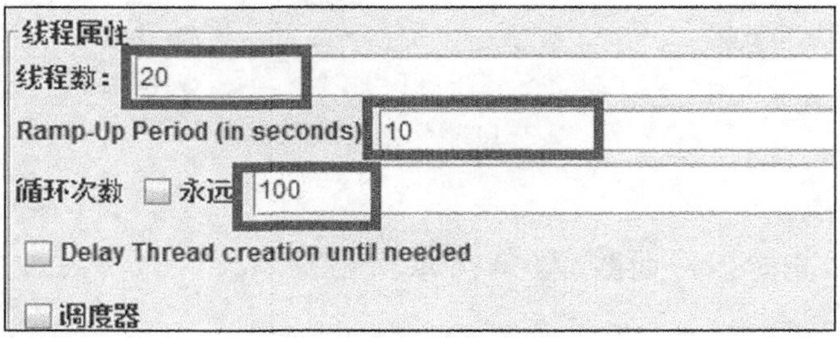

图 2-106　设置场景 1 中的"线程属性"

② 设置场景 2 中的"线程属性",如图 2-107 所示。
- 每秒增加两个线程,运行 2000 次。
- 在 5 个用户到达的时候开始并发操作。
- 设置 40 个用户并发操作的场景。

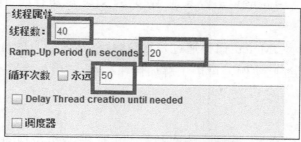

图 2-107 设置场景 2 中的"线程属性"

③ 设置场景 3 中的"线程属性",如图 2-108 所示。
- 每秒增加两个线程,运行 2000 次。
- 在 5 个用户到达的时候开始并发操作。
- 设置 80 个用户并发操作的场景。

(14)分别在以上 3 种场景下运行,观察"查看结果树"监听器和"聚合报告"监听器中的参数变化。

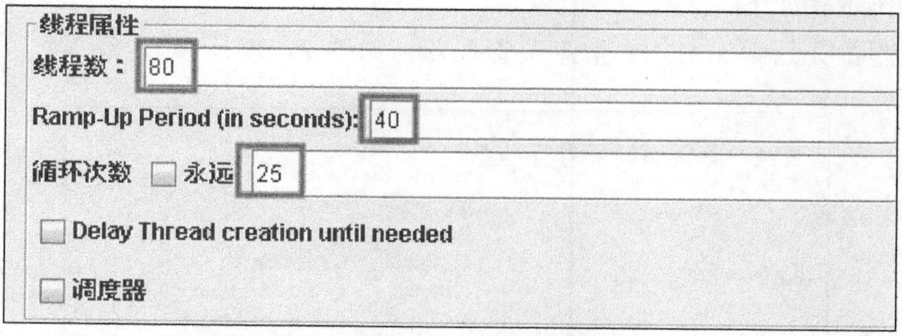

图 2-108 设置场景 3 中的"线程属性"

2.15 实例 2:使用 JMeter 创建 Web Service 测试计划

Web Service 是由企业发布的满足其特定商务需求的在线应用服务,其他公司或应用软件能够通过 Internet 来访问并使用这项在线服务。Web Service 是一种构建应用程序的普遍模型，可以在任何支持网络通信的操作系统中实时运行。

Web Service 是一个应用组件，它按照逻辑为其他应用程序提供数据与服务。各应用程序通过网络协议和规定的一些标准数据格式（HTTP、XML、SOAP）来访问 Web Service，通过在 Web Service 内部执行得到所需结果。Web Service 可以执行从处理简单请求到复杂事务的任何操作。一旦部署以后，其他 Web Service 应用程序可以发现并调用它部署的服务。

本节的实例将演示 JMeter 如何通过发送包含 SOAP 信息的 HTTP 请求进行 Web Service 压力测试。通过此实例，可以了解如何在 JMeter 中创建一个基于 HTTP 的 Web Service 测试计划。

该实例的场景如下。

- 站点：采用 CDYNE 网站，该网站是一个提供 Web Service 的站点，CDYNE 提供了与天气查询相关的 Web Service 服务。
- 环境：采用 Windows 系统。
- 需求：通过发送包含 SOAP 信息的 HTTP 请求来获得服务器端返回的相关 Web Service 内容。
- 测试场景：有 5 个并发用户，每个并发用户发出 1 个请求，每个请求重复两遍，因此共有 10 个 HTTP 请求。
- 监控：显示响应后返回的信息、图形结果、聚合图形。

具体操作步骤如下。

（1）为测试计划添加 HTTP 信息头管理器，如图 2-109 所示。

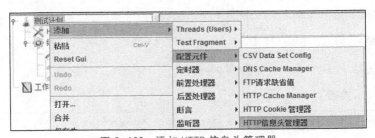

图 2-109　添加 HTTP 信息头管理器

（2）在"HTTP 信息头管理器"界面中添加 Content-Type 信息，如图 2-110 所示。

2.15 实例2：使用 JMeter 创建 Web Service 测试计划

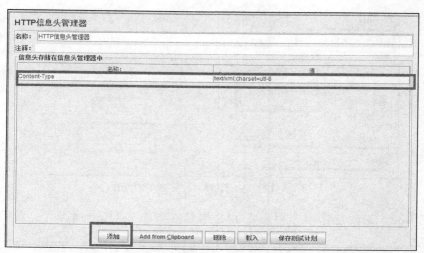

图 2-110 在"HTTP 信息头管理器界面"中添加 Content-Type 信息

（3）创建线程组，并在"线程组"窗格中按照需求设置测试场景，如图 2-111 所示。

图 2-111 设置线程组的测试场景

（4）为该线程组添加 HTTP 请求。

（5）在"HTTP 请求"界面中分别进行图 2-112 所示的设置。

- 把 HTTP 请求的"名称"设置为 SOAP Request。
- 在"Web 服务器"选项区域中，把"服务器名称或 IP"设置为 wsf.cdyne.com。
- 在"HTTP 请求"选项区域中，把"方法"设置为 POST，把"路径"设置为 /WeatherWS/Weather.asmx。

第 2 章　JMeter

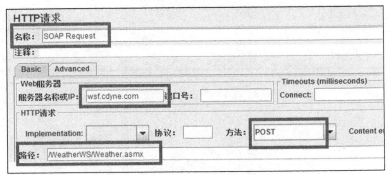

图 2-112　"HTTP 请求"界面中的设置

（6）在 Body Data 选项卡中写入 SOAP 消息，如图 2-113 所示。

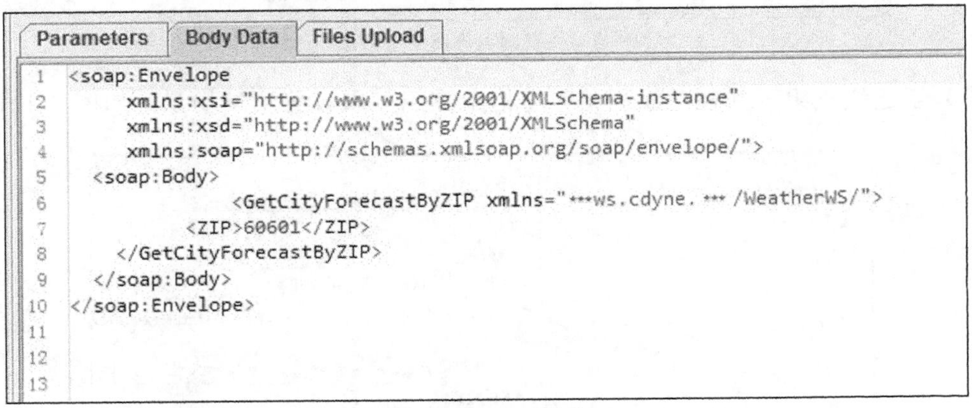

图 2-113　SOAP 消息

在这个 XML 中，绝大部分内容是固定的，其余内容的解释如下。

- GetCityForecastByZIP 是 Web Service 发布的方法。
- ***ws.cdyne***/WeatherWS 是 GetCityForecastByZIP 所在类的域名，即包名 com.cdyne.ws。
- ZIP 是 GetCityForecastByZIP 的参数名，参数类型为 int。
- 60601 是输入的实参。

（7）为线程组添加"查看结果树"等监听器，用来查看测试结果。

（8）运行并查看请求的结果，如图 2-114 所示。运行结束后，可以看出一共向服务器发送了 10 次请求（绿色代表通过），单击任意请求，可以看到右边包含 SOAP 信息的相应请求，表示该请求需要向 Web Service 应用查询邮编是 60601 的城市所在地区的天气情况。

2.16 实例3：使用 JMeter 创建 JDBC 测试计划

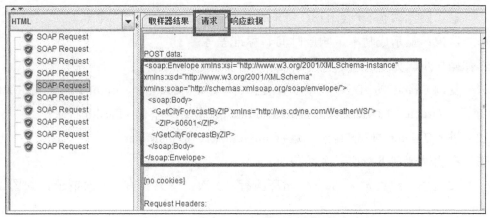

图 2-114 请求的结果

（9）单击"响应数据"选项卡，可以通过 HTML 格式查看响应数据，如图 2-115 所示。可以看到 Web Service 的响应数据，即邮编是 60601 的城市芝加哥所在地区的天气情况。

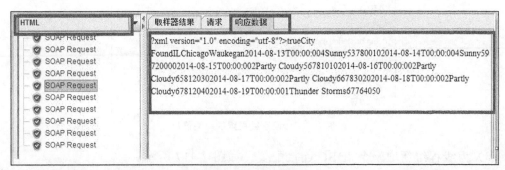

图 2-115 响应数据

2.16 实例3：使用 JMeter 创建 JDBC 测试计划

本节的实例将演示 JDBC 数据库的性能测试。通过此实例，可以了解如何使用 JMeter 进行数据库性能测试。

该实例的场景如下。

- 数据库：采用 Oracle。
- 环境：采用 Windows 系统。
- 需求：测试不同数量用户的并发登录。
- 测试场景：有 5 个并发用户，每个并发用户发出 1 个请求，每个请求重复 10

遍，因此共有 50 次 JDBC 请求。

- 监控：显示成功率、响应时间、标准差等。

具体操作步骤如下。

（1）复制 Oracle 的 JDBC 驱动 JAR 包文件（如 ojdbc5.jar、ojdbc6.jar）到 JMeter 的 lib 目录下。Oracle 的 JAR 文件一般位于 Oracle 安装目录下的 jdbc\lib 目录中。

（2）进入 JMeter 的 bin 目录，运行 jmeter.bat，启动 JMeter。

（3）在测试计划下新增一个线程组。

（4）按需求，线程数为 5 个，循环执行 10 次，总共会有 50 次请求，如图 2-116 所示。

图 2-116　设置线程组的相关信息

（5）为线程组新增一个 JDBC 连接配置，如图 2-117 所示。

图 2-117　新增一个 JDBC 连接配置

（6）在 JDBC Connection Configuration 窗格中进行配置，如图 2-118 所示。

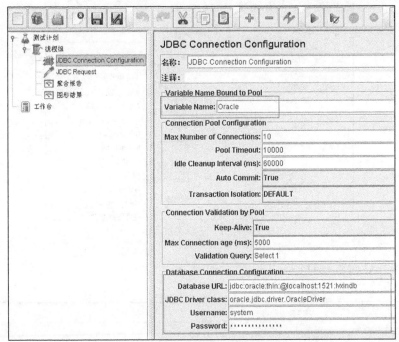

图 2-118　JDBC 连接的配置

在 Variable Name Bound to Pool 选项区域中，把 Variable Name 设置为 Oracle（与下面 JDBC Request 中的变量名保持一致）。

在 Database Connection Configuration 选项区域中，具体设置如下。

- Database URL：表示数据库地址，格式为 jdbc:oracle:thin:@[IP 地址]:[端口号]:[实例名]。此处以自己的机器为例，当前 Oracle 数据库中的一个数据库实例为 lvxin，因此应填写"jdbc:oracle:thin:@localhost:1521:lvxindb"。
- JDBC Driver class：表示数据库 JDBC 驱动类名。对于 Oracle，应填写 oracle.jdbc.driver.OracleDriver。
- Username：表示数据库连接用户名，此处设置为 system。
- Password：表示数据库连接密码，此处设置为 Oracle51testing。

（7）给线程组新增一个 JDBC 请求，如图 2-119 所示。

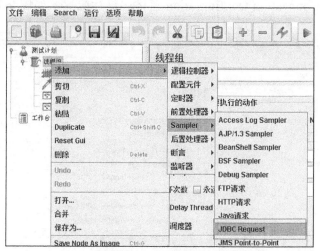

图 2-119　添加 JDBC 请求

（8）对 JDBC 请求进行图 2-120 所示的设置。

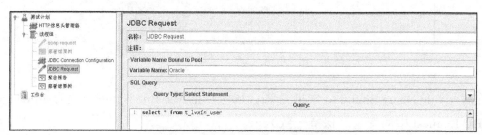

图 2-120　设置 JDBC 请求的相关信息

- Variable Name 设置为 Oracle（与 JDBC 连接配置中的变量名保持一致）。
- 本例中测试的 SQL 语句是 select * from t_lvxin_user（可以根据现有的数据库实例中的表进行相应的查询）。

（9）添加监听器，以测试结果。此处分别添加"查看结果树"监听器和"聚合报告"监听器，如图 2-121 和图 2-122 所示。

（10）运行并在"查看结果树"监听器和"聚合报告"监听器中观察结果，如图 2-123～图 2-125 所示。

2.16 实例3：使用 JMeter 创建 JDBC 测试计划

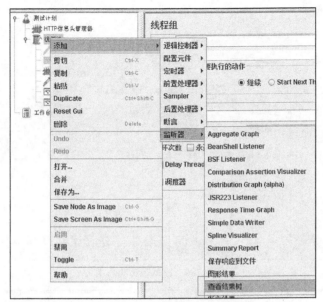

图 2-121　添加"查看结果树"监听器

图 2-122　添加"聚合报告"监听器

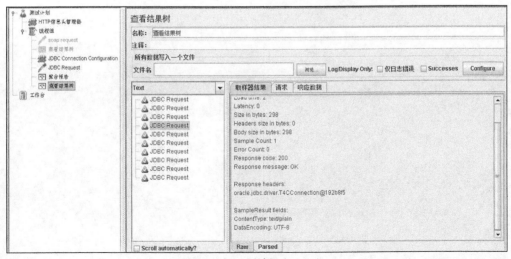

图 2-123　测试报告（一）

第 2 章　JMeter

图 2-124　测试报告（二）

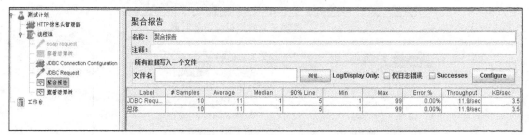

图 2-125　测试报告（三）

第 3 章　单元测试

单元测试（unit testing）是指对软件中的最小可测试单元进行检查和验证。对于单元测试中的单元，一般来说，要根据实际情况去判定其具体含义。例如，在 C 语言中，单元指一个函数；在 Java 中，单元指一个类。总的来说，单元就是人为规定的最小的被测功能模块。

单元测试是在软件开发过程中要进行的最低层次的测试活动，软件的独立单元将在与程序的其他部分相隔离的情况下进行测试。

3.1 面向对象编程

无论是单元测试还是集成测试，都要求测试人员具备一定的编码能力。对于测试人员，除了掌握基本的 3 种程序结构（顺序结构、分支结构、循环结构）以外，最重要的莫过于掌握程序设计中面向对象的原理和基本概念。而在纯面向对象的编程语言 Java 中，核心就是面向对象，如果不能很好地掌握面向对象的相关知识，则测试人员将很难理解代码级的自动化测试。

3.1.1　什么是面向对象

那么何为面向对象呢？要理解面向对象，先来看看与面向对象相对应的另一种程序设计方法——面向过程。

面向过程的编程的基本构成是"过程"，过程的实现方式是"函数"。面向过程的编程指通过不同函数来实现不同的功能，并按照程序的执行顺序调用相应的函数，组成一个可以运行的完整应用程序。在面向过程的模块化设计中，通过把不同的功能在不同的函数中实现或者给函数传递不同的参数来实现不同的功能。

面向过程编程有很多问题，总是按照教科书上的小例子来学习程序设计永远体会不到其中存在的这些问题，程序员反而会觉得面向过程更简单，更容易理解。而事实上，当设计一些大型的应用时，程序员将会发现使用面向过程编程非常复杂，代码极难维护，不得不为相似功能设计不同的函数。天长日久，代码量越来越大，函数越来越多，重复的代码也越来越多，噩梦就此产生。于是产生了另一种程序设计思想——面向对象编程，从此程序员发现编程是多么快乐的一件事情。可以把现实世界的很多哲学思想或者模型应用于编程，这是计算机的一次伟大革命。那么究竟何为面向对象？要理解对象，首先需要理解一下类和实例。

何为类？

类就是"一类东西"。例如，"门"是一类东西，"防盗门""汽车门"也是一类东西。

何为实例？

实例明确告知了哪一类东西中的哪一个。例如，"小明家的入户门"，或者"车牌为A12345的汽车左前门"就属于一个实例。

何为对象？

在面向对象的程序设计中，"一切皆对象"（对面向对象理解得有多深取决于对这句话的理解有多深）。一个类是一个对象，一个实例是一个对象，一个变量也是一个对象，甚至一个数据类型也可以视为一个对象。

对象有什么特性？

对象不同于过程的基本特征有两个。

- 对象有方法，例如，门可以"开"，可以"关"，可以"锁"，这些属于方法。
- 对象有属性，例如，门有"宽度""高度""厚度""重量"等，这些属于属性。

对于属性，在面向过程中是没有相关概念与之对应的。而对于方法，方法本身就是一段处理程序。方法与面向过程的函数其实是类似的（方法和函数都由一段代码组成，可以包括参数，可以有返回值或没有返回值），它们之间唯一的区别在于不存在公有、私有函数，而方法有类型修饰符（public、private、protected等），类型修饰符直接决定了该方法能不能被别的子对象使用。

何为子对象呢？这里涉及面向对象编程中另一个非常重要的特性——继承。简单理解继承就是"子承父业"，与生物学上的继承、遗传的概念没有区别。以人类为例，父亲有的方法（如走、跑、跳、吃、睡等），儿子也可以有，儿子还可以自创一个自己的方法

(如射击、冲浪、骑车)。

现实生活中还有一个很有趣的现象：父亲是儿子的父亲，父亲也是爷爷的儿子，所以父亲这个对象有时候也是儿子，还有可能是丈夫……这表示一个对象可以有多种形态，这就是"多态"。

关于面向对象的总结如下。

- 一切皆对象。
- 类表示一类事物。
- 实例表明类的真实存在。
- 对象有方法和属性。
- 对象可以被继承。
- 对象可以有多种形态。

3.1.2 类与实例

在开始学习面向对象特性及如何使用 Java 代码实现前，读者需要首先在 RFT 开发环境中建立一个开发和运行纯 Java 代码的环境，步骤如下。

（1）在 RFTLearn 项目的根目录中新建目录 code。

（2）切换透视图到 Java，并打开 Navigator 视图。

（3）确认菜单栏中的 Project→Build Automatically 选项被选中，这样可以自动编译 Java 代码。

（4）右击 code，在弹出的快捷菜单中选择 New→Class，在 Name 文本框中输入 Door 作为类名，其他设置保持默认值即可。

现在已经将 RFT 切换到一个纯 Java 开发环境，用于学习面向对象特性及实现。

类的本质是一类事物，以"门"为例，门有哪些方法呢？有"开"和"关"。门有哪些属性呢？有"高"和"宽"。那么现在定义这样的一个类，如图 3-1 所示。

光有门这个类还不行，类只是一类事物的统称，"门"这类事物并不能真正实现"开"和"关"的动作，只有具体的"门"才能实现"开"和"关"的动作，才有真实的"高度"和"宽度"属性，所以需要将这个类实例化。"实例"是一扇看得见摸得着的"门"，如小明家的"门"。现在就用小明家的"门"来实例化刚才定义的"门"这个类，如图 3-2 所示。

```
package code;

public class Door {
    // 定义属性 height 为私有变量类型,仅在 Door 类中可调用
    private int height;
    // 定义属性 width 为公有变量类型,可在 Door 的实例中调用
    public int width;

    // 定义方法 openDoor
    public void openDoor() {
        System.out.println("Door is open ...");
    }

    // 定义方法 closeDoor
    public void closeDoor() {
        System.out.println("Door is closed ...");
    }

    // 经典的 setter 方法和 getter 方法
    public void setHeight(int height) {
        // this.height 引用类的私有变量 height,等号后的 height 为参数
        this.height = height;
    }

    public int getHeight() {
        // 用于返回值
        return this.height;
    }
}
```

图 3-1　定义类

```
package code;

public class MyDoor {
    public static void main(String[] args) {
        Door myDoor = new Door();
        myDoor.openDoor();
        myDoor.closeDoor();
        myDoor.setHeight(1000);
        System.out.println("Height is " + myDoor.getHeight());

        // 因为在 Door 类中将 width 定义为公有变量,所以可在此处直接调用该变量
        // 下面两句代码其实实现了与 setHeight()和 getHeight()相同的功能
        myDoor.width = 500;
        System.out.println("Width is " + myDoor.width);
    }
}
```

图 3-2　类的实例化

MyDoor 类实现了 main 方法,所以可以直接运行,单击工具栏中的运行按钮运行 MyDoor 类,输出结果如图 3-3 所示。

```
Door is open ...
Door is closed ...
Height is 1000
Width is 500
```

图 3-3 输出结果

3.1.3 继承

在继承中，4 个概念是需要理解的，分别是父类、子类、重写、扩展。

- 父类：用来被子类继承的类称作父类，或称作超类。例如，这里把"门"定义成一个父类。
- 子类：继承父类的类称作子类。在此可以把"防盗门"定义成一个子类。
- 重写：父类"门"有一个方法——openDoor()，而由于"防盗门"打开的方式不一样，因此需要在子类中重新实现 openDoor()方法，此时子类的 openDoor()便重写了父类的 openDoor()。
- 扩展：父类"门"只有 openDoor()和 closeDoor()两个方法，而对于"防盗门"这个子类，还存在一个锁门的方法，此时便可以为"防盗门"子类新增一个方法 lockDoor()，这就是"扩展"。

与 3.1.2 节一样，仍然使用 Door 类作为父类，不对其做任何修改。接着创建一个子类——SafeDoor，此类没有任何代码，只继承自 Door 类。代码如图 3-4 所示（注意，关键字 extends 用于继承）。

```
package code;
public class SafeDoor extends Door {
    // 此类没有任何代码，只继承自 Door 类
}
```

图 3-4 继承

在这种情况下，实例化 SafeDoor 类。SafeDoor 类将会拥有 Door 类中所有作用域为 public 和 protected 的方法与属性（注意，private 修饰的方法和属性将不能被继承），现在实例化 SafeDoor 并调用相应的方法，如图 3-5 所示。

运行代码，输出结果如图 3-6 所示。

可以看到，虽然 SafeDoor 类中什么也没有，但是 Door 类中的所有方法和属性均可用于 SafeDoor 类的实例，这便是继承的强大之处，通过这样的方式很容易实现重用。

```
package code;
public class MyDoor {
    public static void main(String[] args) {
        SafeDoor safeDoor = new SafeDoor();
        safeDoor.openDoor();
        safeDoor.closeDoor();
        safeDoor.setHeight(1000);
        System.out.println("Height is" + safeDoor.getHeight());

        safeDoor.width = 500;
        System.out.println("Width is" + safeDoor.width);
    }
}
```

图 3-5 实例化 SafeDoor 并调用相应的方法

```
Door is open...
Door is closed ...
Height is 1000
Width is 500
```

图 3-6 输出结果

最后，为 SafeDoor 类添加一个新的方法以扩展其功能，方法名为 lockDoor()，如图 3-7 所示。

```
package code;
public class SafeDoor extends Door {
    // 此类没有代码，只继承自 Door 类
    public void lockDoor() {
        System.out.println("Door is locked ...");
    }
}
```

图 3-7 添加一个新的方法

这个新方法便是一个扩展，这样 SafeDoor 不但可以使用 Door 的方法，而且可以扩展自己的方法和属性，这说明基于面向对象这种程序思想很容易实现重用和扩展。

3.1.4 接口

面向对象的所有概念都来自对象，而对象又来自现实世界，接口也不例外。对于接口，通过规格即可概括其特性。

举一个简单的例子，大部分人应该有过组装计算机的经历，那么为什么各个厂家的零部件可以安装在一起呢？因为厂家对每一个零部件都定义了规格，内存条的引脚必须满足规格要求才能刚好与主板的插槽相吻合。即使是一根网线，也必须满足 RJ-45

的规格要求，才能刚好插到网卡的插口中。如果不按规格制造，则这些零部件将没有市场。

接口就是这样一种东西，用于定义一种规格，以保持团队开发的一致性和规范性。仍然以现实的例子来说明这个问题，定义一种规格：厂家生产的"门"必须要满足两个条件，既可以"开"，又可以"关"。如果门不能"关"，则它不是合格的门。当然，除了开和关以外，门还可以"锁"，可以"感应"等，无论门做得多么花哨，它必须满足"开"和"关"的要求。

用 Java 首先定义接口 IDoor，如图 3-8 所示。通常，接口名以字母"I"作为前缀。另外，接口中不需要也不能定义任何实际的实现代码，只声明这个规格即可。

```java
package code;

public interface IDoor {
    public void openDoor();
    public void closeDoor();
}
```

图 3-8　定义接口

定义接口以后，便可以定义具体实现的类。只不过这个类有点特别，它必须实现接口中的两个方法，否则编译无法通过。在此处生成一个 RoomDoor，用于表示房间的门，不管什么门，总要能开能关才行，如图 3-9 所示。

```java
package code;

public class RoomDoor implements IDoor {
    // 实现接口中的 openDoor 方法
    public void closeDoor() {
        System.out.println("Room's Door is open ...");
    }

    // 实现接口中的 closeDoor 方法
    public void openDoor() {
        System.out.println("Room's Door is closed ...");
    }

    // 扩展自己的方法 lockDoor
    public void lockDoor() {
        System.out.println("Room's Door is locked ...");
    }
}
```

图 3-9　定义接口中具体实现的类

3.1.5 多态

顾名思义，多态（polymorphism）即多种形态。"多态"从另一个角度将接口从具体的实施细节中分离出来，亦即实现了"是什么"与"怎样做"两个模块的分离。利用多态性能创建"易于扩展"的程序，无论在项目的创建过程中，还是在需要加入新特性的时候，它们都可以方便地"成长"。

举一个现实中的例子，"人"有多种角色（形态）：在妻子面前，他是"丈夫"；在父亲面前，他是"儿子"；在儿子面前，他是"老爸"；在学生面前，他是"老师"……"人"具有多种形态，处于不同的形态，"人"将会说不同的话，做不同的事。下面给出几个示例。

（1）如果一个人是"丈夫"，他会对妻子说"我爱你"，并会做丈夫做的事情，如"拖地"。

（2）如果一个人是"儿子"，他会对父亲说"工作辛苦了"，并会做儿子做的事情，如"回家看看"。

（3）如果一个人是"老爸"，他会对儿子说"好好学习"，并会做老爸做的事情，如"送儿子上学"。

（4）如果一个人是"老师"，他会对学生说"多态是什么"，并会做老师做的事情，如"备课"。

这里定义一个接口 IPeople，以及两个方法 talk()和 work()。不同的角色说不同的话，做不同的事，但都可以实现接口 IPeople 中定义的方法 talk()和 work()。

"人"可以有很多角色，为便于讲解，这里取"丈夫"和"老师"这两个角色来进行演示。

首先，定义 IPeople 接口及方法，如图 3-10 所示。

```
package code;

public interface IPeople {
    public void talk();
    public void work();
}
```

图 3-10　定义 IPeople 接口及方法

然后，定义 Husband 类并实现 IPeople 接口，如图 3-11 所示。

```
package code;
public class Husband implements IPeople {
    public void talk() {
        System.out.println("I love you ...");
    }

    public void work() {
        System.out.println("Let me clean ...");
    }
}
```

图 3-11　定义 Husband 类并实现 IPeople 接口

接着，定义 Teacher 类并实现 IPeople 接口，如图 3-12 所示。

```
public class Teacher implements IPeople {
    public void talk() {
        System.out.println("What's Polymorphism ...");
    }

    public void work() {
        System.out.println("Prepare the RFT material ...");
    }
}
```

图 3-12　定义 Teacher 类并实现 IPeople 接口

到目前为止，与上一节讲的接口一样，没有什么特别之处，多态的重点体现在图 3-13 所示的这段代码中。

```
package code;
class DoThing {
    public IPeople people;

    public void start() {
        people.talk();
        people.work();
    }
}
public class Qiang {
    public static void main(String[] args) {
        Husband husband = new Husband();
        DoThing doThing = new DoThing();
        doThing.people = husband;
        doThing.start();
    }
}
```

图 3-13　多态的示例

首先，定义了一个内部类 DoThing（只是为了直观定义成内部类，与将该类定义到另外一个文件中没有本质差别），DoThing 定义了一个接口型变量 people，因此 start()方法就可以直接通过这个接口变量 people 来调用接口中的 talk()方法和 work()方法了。然后，在主调类 Qiang 中将 Husband 类的实例 husband 赋给 DoThing 的 people 变量，这样 people 接口变量就拥有了实例，可以直接实现 start()方法中的 talk()方法和 work()方法了。如果想让 DoThing 类的 start()方法实现 Teacher 的功能，则只需要将 Teacher 的实现赋给 doThing.people 即可，这就是多态。另外，如果还要对 IPeople 扩展"父亲"的角色，则只需要新增类 Father 即可，而对 DoThing 类不用做任何改动，从而提高了代码的维护性和重用性。

图 3-14 所示的代码演示了如何通过动态传递参数值的方式来进行多态实例化，与上例的原理一致，只不过更关注如何通过"字符串型的类名"来进行类的实例化（注意，使用 throws Exception 抛出异常）。

```
package code;

public class Qiang {
    public static void main(String[] args) throws Exception {
        String type = "code.Teacher";
        Class peoplec = Class.forName(type);
        Object peopleo = peoplec.newInstance();
        IPeople people = (IPeople) peopleo;
        people.talk();
        people.work();
    }
}
```

图 3-14 动态传递参数值

注意：此处由于 Teacher 类在 code 包中，在使用 Class.forName 动态生成类时需要给定完整的包名和类名，如 code.Teacher。关于 Java 中包的用法，读者可自行查阅相关材料。

3.2 准备被测程序

要掌握单元测试的各种技术，必须要有一套与实际代码相符的完整被测代码，否则将很难理解单元测试的核心原理和高级技巧，也无法深入理解为什么要这么做。如果只通过写一个实现加减运算的方法来进行单元测试或集成测试的学习，那么将很难将其应用于实际。

3.2.1 被测程序的功能

被测程序要实现如下功能。

（1）输入一个以逗号（或其他字符）分隔的字符串，程序将解析该字符串并得到一个数组。以同样的方式输入第二个字符串，并将其解析成数组。

（2）对输入字符串的每一个值进行判断，它们必须为数值类型，否则程序将不做任何处理。

（3）如果输入合法，则将按如下顺序进行判断。

① 如果数组长度为零，则将直接输出信息"结果：数组长度为零"。
② 如果两个数组长度不相等，则将直接输出信息"结果：数组长度不一致"。
③ 如果两个数组不经过任何排序就相同，则输出信息："结果：数组相同"。
④ 如果两个数组经过排序后是相同的，则输出信息："结果：数组排序后相同"。
⑤ 如果两个数组经过排序后不相同，则输出信息："结果：数组不同"。

（4）程序不需要专门设计 GUI，直接使用命令行即可。

程序输出结果如图 3-15 所示。

图 3-15　程序输出结果

3.2.2 程序概要设计

基于如下思路来进行程序的整体架构和接口设计。

- 合理使用面向对象特性，保证可测试性和模块的独立性。
- 高重用，低耦合。

- 结构合理，方法之间的调用深度不超过 5 层。
- 命名规范合理，描述性强。
- 暂时不使用多态，在学习 JMock 时再对代码进行重构。

接口调用关系如图 3-16 所示。

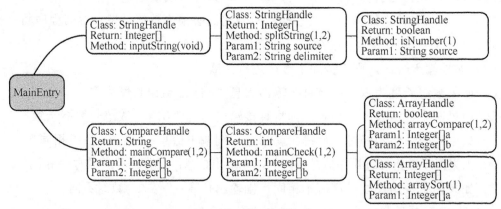

图 3-16　接口调用关系

由图 3-16 可知，该程序必须包含 4 个源代码文件。

- MainEntry：程序运行主入口，用于用户输入数据和调用 CompareHandle.mainCompare(1,2)。
- StringHandle：字符串处理类，用于输入数据，解析字符串成数组，判断其是否为数值。
- CompareHandle：程序比较主类，用于比较数组中的值及判断各种可能的情况。
- ArrayHandle：数组处理类，用于数组排序和数组值的比较。

3.2.3　程序代码实现

在实现代码之前，需要首先在 Eclipse 开发环境中建立一个 Java 项目，项目名称取 UnitTest 即可，其他选项一律保持默认值。另外，需要在项目目录的 src 目录下新建一个 Package，路径为 com.learn.compare，然后在 com/learn/compare 目录下创建如下类并输入代码。

实现程序代码的具体步骤如下。

（1）创建 MainRun.java，代码如图 3-17 所示。

3.2 准备被测程序

```java
package com.learn.compare;

public class MainRun {

    public static void main(String[] args) {
        StringHandle sh = new StringHandle();
        CompareHandle ch = new CompareHandle();
        String result = "";
        Integer[] a = sh.inputString();
        Integer[] b = sh.inputString();

        result = ch.mainCompare(a, b);
        System.out.println(result);
    }
}
```

图 3-17　MainRun.java 的代码

（2）创建 StringHandle.java，代码如图 3-18 所示。

```java
package com.learn.compare;

import Java.io.BufferedReader;
import Java.io.IOException;
import Java.io.InputStreamReader;
import Java.util.Arrays;
import Java.util.Vector;

public class StringHandle{

    // 从控制台输入字符串
    public Integer[] inputString() {
        System.out.println("请输入一个字符串：");
        BufferedReader br = new BufferedReader(new InputStreamReader(System.in));
        String source = "";
        try {
            source = br.readLine();
        } catch (IOException e) {
            e.printStackTrace();
        }
        if (source.length() < 1) {
            System.out.println("输入不合法，将强制退出.");
            System.exit(1);
            return null;
        }
        else {
            Integer[] array = this.splitString(source, ",");
            if (Arrays.equals(array, null))
                System.out.println("输入不合法");
            return array;
        }
```

图 3-18　StringHandle.java 的代码

```java
    }
    // 将字符串解析成数组
    public Integer[] splitString(String source, String delimiter) {
        Vector<Integer> vector = new Vector<Integer>();
        int position = source.indexOf(delimiter);
        while (source.contains(delimiter)) {
            String value = source.substring(0, position);
            if (this.isNumber(value)) {
                vector.add(Integer.parseInt(value));
            }
            else {
                //System.out.println("输入不合法,将强制退出.");
                //System.exit(1);
                Integer[] result = {1};
                return result;
            }
            source = source.substring(position + 1, source.length());
            position = source.indexOf(delimiter);
        }
        vector.add(Integer.parseInt(source));
        Integer[] array = new Integer[vector.size()];
        vector.copyInto(array);
        return array;
    }

    // 检查字符串是否可正常转换为数字
    public boolean isNumber(String source) {
        boolean isNumber = true;
        try {
            Integer.parseInt(source);
        }
        catch (Exception e) {
            isNumber = false;
        }
        return isNumber;
    }
}
```

图 3-18　StringHandle.java 的代码（续）

（3）创建 CompareHandle.java，代码如图 3-19 所示。

```java
package com.learn.compare;

public class CompareHandle {

    // 输入按一定规律分隔的字符串并将其转换成数组
    public String mainCompare(Integer[] a, Integer[] b) {
        String result = "";
        int alength = a.length;
        int blength = b.length;
        if (alength == 0 || blength == 0)
            result = "结果: 数组长度为零";
        elseif (alength != blength)
            result = "结果: 数组长度不一致";
```

图 3-19　CompareHandle.java 的代码

```
            else {
                int compareResult = this.mainCheck(a, b);
                if (compareResult == 1)
                    result = "结果:数组相同";
                elseif (compareResult == 2)
                    result = "结果:数组排序后相同";
                else
                    result = "结果:数组不同";
            }
            return result;
        }

        // 比较两个数组是否相同
        public int mainCheck(Integer[] a, Integer[] b) {
            int flag = 0;
            ArrayHandle ah = new ArrayHandle();
            if (ah.arrayCompare(a, b))
                flag = 1;    // 不用排序,就相同
            else {
                Integer[] arraya = ah.arraySort(a);
                Integer[] arrayb = ah.arraySort(b);
                if (ah.arrayCompare(arraya, arrayb))
                    flag = 2;    // 排好序后相同
                else
                    flag = 3;    // 排序后也不同
            }
            return flag;
        }
}
```

图 3-19　CompareHandle.java 的代码(续)

(4) 创建 ArrayHandle.java,代码如图 3-20 所示。

```
package com.learn.compare;

public class ArrayHandle {

    // 对两个数组进行排序(冒泡排序)
    public Integer[] arraySort(Integer[] array) {
        Integer i, j, temp, sorted;

        for(i=0; i<array.length-1; i++)
        {
            sorted = 0;
            for(j=0; j<array.length-i-1; j++)
            {
                if(array[j] > array[j+1])
                {
                    sorted = 1;
                    temp = array[j];
                    array[j] = array[j+1];
                    array[j+1] = temp;
                }
```

图 3-20　ArrayHandle.java 的代码

```
            }
            if (sorted == 0) break;
        }

        return array;
    }

    // 对两个数组进行比较
    publicboolean arrayCompare(Integer[] a, Integer[] b) {
        int i;
        boolean flag = true;
        for (i=0; i<a.length; i++)
        {
            if (a[i] != b[i])
            {
                flag = false;
                break;
            }
        }
        return flag;
    }
}
```

图 3-20　ArrayHandle.java 的代码（续）

编写代码后，打开 MainRun.java 文件，单击 Eclipse 中的运行按钮，并输入相应字符串检查代码是否正常运行。代码运行结果如图 3-21 所示。

图 3-21　代码运行结果

3.2.4 开发测试代码

单元测试的核心在于使用代码测试代码。现在编写两段测试代码,以对 StringHandle 类中的 isNumber 和 splitString 方法进行测试。在进行测试之前,首先创建一个包,路径为 com.learn.testing,用于存放所有的单元测试代码。然后,创建一个测试类,名为 StringHandleTest,测试代码如图 3-22 所示。

```java
package com.learn.testing;

import Java.util.Arrays;
import com.learn.compare.*;

public class StringHandleTest {

    // 输入合法数值,测试 isNumber
    public void isNumber_Normal() {
        StringHandle stringHandle = new StringHandle();
        String source = "12345";
        boolean expect = true;
        boolean actual = stringHandle.isNumber(source);
        if (expect == actual)
            System.out.println("isNumber_Normal: PASS.");
        else
            System.out.println("isNumber_Normal: FAIL.");
    }

    // 输入非法数值,测试 isNumber
    public void isNumber_Abnormal() {
        StringHandle stringHandle = new StringHandle();
        String source = "12T45";
        boolean expect = false;
        boolean actual = stringHandle.isNumber(source);
        if (expect == actual)
            System.out.println("isNumber_Abnormal: PASS.");
        else
            System.out.println("isNumber_Abnormal: FAIL.");
    }

    // 输入合法字符串,测试 splitString
    public void splitString_Normal() {
        StringHandle stringHandle = new StringHandle();
        String source = "333,111,222,666";          // 输入字符串
        Integer[] expect = {333, 111, 222, 666};    // 定义期望结果
        Integer[] actual = stringHandle.splitString(source, ",");  //获取实际结果
        if (Arrays.equals(expect, actual))
            System.out.println("splitString_Normal: PASS.");
        else
            System.out.println("splitString_Normal: FAIL.");
```

图 3-22 StringHandleTest 类

```java
    }

    // 输入非法字符串,测试 splitString_Abnormal
    public void splitString_Abnormal() {
        StringHandle stringHandle = new StringHandle();
        String source = "333T,111,222F,666";
        Integer[] expect = {1};
        Integer[] actual = stringHandle.splitString(source, ",");
        if (Arrays.equals(expect, actual))
            System.out.println("splitString_Abnormal: PASS.");
        else
            System.out.println("splitString_Abnormal: FAIL.");
    }

    // 主调函数,用于运行测试代码
    public static void main(String[] args) {
        StringHandleTest stringHandleTest = new StringHandleTest();
        stringHandleTest.isNumber_Normal();
        stringHandleTest.isNumber_Abnormal();
        stringHandleTest.splitString_Normal();
        stringHandleTest.splitString_Abnormal();
    }
}
```

图 3-22 StringHandleTest 类(续)

测试类的运行结果如图 3-23 所示。

```
isNumber_Normal: PASS.
isNumber_Abnormal: PASS.
splitString_Normal: PASS.
splitString_Abnormal: PASS.
```

图 3-23 测试类的运行结果

从以上测试代码可以看出,其实单元测试的自动化是很容易实现的。可以快速地实现 4 个测试用例,用于对 splitString 与 isNumber 方法的合法和非法情况进行测试,验证其功能是否正常实现。当然,上述代码并没有过多地关注测试用例的设计,对于一个单元测试,需要设计的测试用例远不止两个。原则上,单元测试用例的设计方法与黑盒测试用例的设计方法类似。加上覆盖率指标,使用这两种方法,已经足够设计出高效的测试用例了。由于本书主要关注单元测试用例的实现而非设计,因此这里对测试用例的设计方法不做过多赘述。

另外,从上述测试代码也可以看出,用代码测试代码并不需要任何第三方框架便可轻松实现代码级的自动化。在学习单元测试时,如果不理解这一点,将很难理解框架。

单元测试的核心原理如下。

- 调用被测单元,使其运行。

- 定义期望结果，便于比较。
- 获取实际结果，用于测试。

事实上，单元测试同属于软件测试的执行过程，与手动测试一样，在执行测试用例之前，要做很多工作，如明确需求规格，提取测试项，设计测试用例等。这些方法同样适用于自动化测试。

单元测试的基本流程如下。

（1）理解需求，理解概要设计文档和详细设计文档，单元测试主要以详细设计文档为主。

（2）设计测试用例，主要以白盒测试用例设计方法为主，以测试覆盖率作为关键指标。

（3）开发单元测试代码，使用成熟的单元测试框架可显著提升测试代码的可重用性和易维护性。

（4）执行单元测试用例，通常考虑与构建环境配合执行，无人值守执行。

（5）维护单元测试代码，添加新的用例，修正已有用例等。

3.3 JUnit 测试框架

JUnit 是针对 Java 语言的一个单元测试框架，被视为迄今为止所开发的最重要的第三方 Java 库。JUnit 的优点是整个测试过程不需要人的参与，无须分析和判断最终测试结果是否正确，而且很容易一次运行多个测试。JUnit 的出现促进了测试的盛行，它使 Java 代码更健壮，更可靠，Bug 比以前更少。

同时使用 JUnit 和 JMock 两个框架，可以快速开发测试代码，甚至达到测试驱动开发所推崇的测试先行的目的，更好地做到敏捷开发、敏捷测试。

另外，基于 JUnit 框架原理所开发的适用于其他语言的单元测试框架也很多。通过对比各种语言的框架，得出的结论是：JUnit 框架经常被模仿，但从未被超越。常见的单元测试框架如下。

- 针对 Java 语言，有 JUnit、JMock、TestNG。
- 针对 C/C++语言，有 CUnit、CppUnit、GoogleTest、GoogleMock。
- 针对.NET 语言，有 NUnit。
- 针对 PHP/Python 语言，有 PhpUnit、PyUnit。

还有很多类似的框架，它们统称为 XUnit，如 HttpUnit、HtmlUnit、DBUnit、DUnit（针对 Delphi）。毫无疑问，JUnit 是 XUnit 的先行者，至今仍然保持着绝对的优势。

3.3.1 在 Eclipse 中配置 JUnit

JUnit 的配置非常简单，如果使用过 CppUnit 或者 GoogleTest，那么会发现，配置 JUnit 简直太简单了。事实上，除了 JUnit 易于配置之外，在 Java 语言中，使用任何第三方库的配置都很简单。只需要做一件事情，即在项目的配置路径中导入 JUnit 发布的二进制 JAR 包。

配置步骤如下。

（1）下载 JUnit 发行包。从 JUnit 的官方网站上下载最新的版本并安装，官方网站上有丰富的文档可以使用。

（2）创建 lib 目录。虽然这不是必需步骤，但是对于一个项目，应该创建 lib 目录，该目录位于项目目录下，专门用来存放所有第三方 JAR 包，创建完成后将 JUnit 包复制到该目录下。

（3）为项目导入 JUnit.jar。默认的 Eclipse 开发环境自带一个 JUnit 包，可以在项目属性中启用它，不过自带包的版本通常比较旧。推荐使用自己下载的最新版本的 JUnit，可选择 Project→Properties→Java Build Path，打开 Java Build Path 窗格，选择 Libraries 选项卡，单击 Add JARs 按钮，如图 3-24 所示，导入新版本 JUnit。

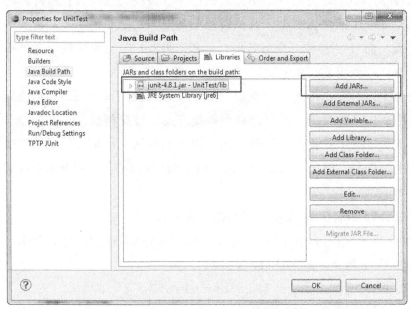

图 3-24 单击 Add JARs 按钮

如果导入成功，则将在 Navigator 视图中看到一个 .classpath 文件。该文件包含 JUnit

的路径，如图 3-25 所示。

```
<?xml version="1.0" encoding="UTF-8"?>
<classpath>
    <classpathentry kind="src" path="src"/>
    <classpathentry kind="con" path="org.eclipse.jdt.launching.JRE_CONTAINER"/>
    <classpathentry kind="lib" path="lib/junit-4.8.1.jar"/>
    <classpathentry kind="output" path="bin"/>
</classpath>
```

图 3-25 JUnit 的路径

这其实就是在告诉编译器，编译源代码的时候要将 junit-4.8.1.jar 包加入 .classpath 文件中，以免编译出错。

3.3.2 使用 JUnit 进行测试

当在 Eclipse 中导入 JUnit 包后，就可以调用 JUnit 包中封装好的类和方法来编写单元测试用例了。同样对 StringHandle 类的 isNumber 和 splitString 两个方法进行测试，本节将引入 JUnit 框架，简化单元测试代码。

JUnit 框架目前已经更新到第 5 个主版本，产生了两种测试代码的语法规则：一种是 JUnit 3 的写法；另一种是 JUnit 4 的写法。这两种语法规则差别较大。简言之，根本差别在于 JUnit 4 的规则大量使用 Java 5.0（也就是 JDK 1.5 版本）中的新功能——注解（annotation）。注解可以使测试代码的可读性更强，并且维护起来也更灵活。

首先，使用 JUnit 3 的语法规则书写测试脚本，代码如图 3-26 所示。

```java
package com.learn.testing;

import com.learn.compare.StringHandle;

// 导入 JUnit 的相关类和方法
import junit.framework.TestCase;
import static org.junit.Assert.assertArrayEquals;
import static junit.framework.Assert.assertTrue;

// 该测试类必须继承自 TestCase 类
public class StringHandleJUnit3    extends TestCase {

    // 各个测试方法必须以 test 开头
    public void test_splitString() {
        StringHandle stringHandle = new StringHandle();
        String source = "333,111,222,666";
        Integer[] expect = {333, 111, 222, 666};
        Integer[] actual = stringHandle.splitString(source, ",");
```

图 3-26 使用 JUnit 3 的语法规则书写的测试脚本

```
            assertArrayEquals(expect, actual);    // 断言，用于结果判断
        }

        // 各个测试方法名称必须以 test 开头
        public void test_isNumber() {
            StringHandle stringHandle = new StringHandle();
            String source = "12345";
            boolean actual = stringHandle.isNumber(source);
            assertTrue(actual);          // 断言，用于结果判断
        }
    }
```

图 3-26　使用 JUnit 3 的语法规则书写的测试脚本（续）

在使用 JUnit 3 的语法规则书写测试用例时，必须满足两个基本要求。

- 测试类必须继承自 TestCase 类。
- 每个测试方法名称必须以 test 开头，通常以 test_和被测方法名来命名测试方法。

由于 JUnit 4 大量使用了 Java 的注解机制，因此在书写测试代码时，将非常灵活，并且代码的可读性和可维护性都得到了提升。后面几节将基于 JUnit 4 的语法规则讲述 JUnit 的各类用法。下面使用 JUnit 4 的语法规则来重写上述测试用例，代码如图 3-27 所示。

```
package com.learn.testing;

import com.learn.compare.StringHandle;
import org.junit.Test;
import static org.junit.Assert.assertArrayEquals;
import static org.junit.Assert.assertTrue;

public class StringHandleJUnit4 {

    @Test    // 只需要声明@Test 注解即可
    public void splitString() {
        StringHandle stringHandle = new StringHandle();
        String source = "333,111,222,666";
        Integer[] expect = {333, 111, 222, 666};
        Integer[] actual = stringHandle.splitString(source, ",");
        assertArrayEquals(expect, actual);    // 断言，用于结果判断
    }

    @Test    // 只需要声明@Test 注解即可
    public void isNumber() {
        StringHandle stringHandle = new StringHandle();
        String source = "12345";
        boolean actual = stringHandle.isNumber(source);
        assertTrue(actual);          // 断言，用于结果判断
        assertEquals(true, actual);  // 也可以使用 assertEquals 断言
    }
}
```

图 3-27　使用 JUnit 4 的语法规则重写的测试用例

根据 JUnit 4 的语法规则，可以看到如下一些变化。

- 测试类不需要继承自 TestCase 类，灵活了很多。
- 测试方法名不需要以 test 开头，只需要加上@Test 注解指明该方法是 JUnit 测试方法即可。

事实上，这两点看似很小的改动是非常有用的。

完成测试用例的代码实现之后，运行测试用例。其方法与运行 Java 中的一个普通程序没有任何区别，直接单击运行按钮即可。使用 JUnit 4 的语法规则重写之后，代码的运行结果如图 3-28 所示。

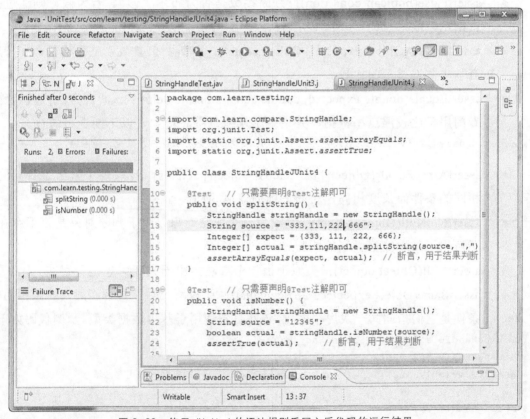

图 3-28 使用 JUnit 4 的语法规则重写之后代码的运行结果

3.3.3 JUnit 断言机制

判断一个测试用例是否通过的过程其实就是一个对期望结果与实际结果进行比较的过程。在 JUnit 中使用断言（assert）机制来进行判断，避免了使用 if … else …分支语句进行结果判断的麻烦。更可贵的是，如果断言失败，则 JUnit 将会输出期望结果与实际结果的值,便于快速定位问题。这就是断言的价值所在。本节介绍 JUnit 断言机制。

1. JUnit 内置断言

在 JUnit 中,有两个断言类,分别是 junit.framework.Assert 和 org.junit.Assert。前者是专门为了兼容 JUnit 3 而刻意保留的,后者则是 JUnit 4 新增的。如果没有历史遗留原因,则建议直接使用 org.junit.Assert 断言类中的各类断言。该类主要包含如下断言方法。

- assertTrue(boolean condition):判断参数是否为布尔"真"。若为真,则通过;否则,失败。
- assertFalse(boolean condition):判断参数是否为布尔"假"。若为假,则通过;否则,失败。
- assertEquals(Object expected, Object actual):判断两个参数值是否相等,支持所有基本数据类型的比较。
- assertEquals(double expected, double actual, double delta):该断言方法比较特殊,专门用于比较浮点型数据,并使用了误差范围。例如,以下断言将通过。

```
assertEquals(12.5, 12.3, 0.5);        // 误差 0.5 表示 ±0.5 均在允许范围内
```

- assertArrayEquals(Object[] expecteds, Object[] actuals):比较两个数组是否相同,相同的条件为长度相同,相同下标的值也相同。
- assertNotNull(Object object):参数为一个非空对象,用于判断对象是否不存在,不可用于基本数据类型的判断。
- assertNull(Object object):类似于上一个方法,用于判断对象是否存在。
- assertSame(Object expected, Object actual):比较两个对象是否相同,对象相同的条件是它们指向同一块内存区域,该断言不适用于基本数据类型。示例代码如下。

```
StringHandle sh1 = new StringHandle();
StringHandle sh2 = new StringHandle();
assertSame(sh1, sh2);    // 该断言失败,sh1 与 sh2 不指向同一块内存区域

StringHandle sh1 = new StringHandle();
StringHandle sh2 = sh1;
assertSame(sh1, sh2);    // 该断言成功
```

- assertNotSame(Object unexpected, Object actual):类似于上一个方法,用于判断两个对象是否不相同。
- assertThat(T actual, Matcher<T> matcher)。该断言方法较特殊,无法直接在 JUnit

中使用，必须配合匹配器使用才可以进行断言。匹配器包含在 hamcrest 扩展框架中。

2. assertThat 断言

要使用 assertThat 断言，必须首先导入 hamcrest 包。把该包导入项目路径中，图 3-29 所示的示例代码展示了其强大之处。

```
package com.learn.testing;
import static org.junit.Assert.*;
import org.junit.Test;
import static org.hamcrest.Matchers.*;

public class SpecialJUnitUsage {
    @Test
    public void assertThat_Test() {
        double d = 100;
        assertThat(d, is(100.0));
        assertThat(d, lessThan(200.0));
        assertThat(d, greaterThan(20.0));
        assertThat(d, closeTo(100.0, 1.0));
    }
}
```

图 3-29 assertThat 断言的示例

3.3.4 JUnit 各类注解

在 JUnit 4 中，除了常用的@Test 注解外，还有如下注解。
- @BeforeClass：测试类运行前的准备环境，一个测试类在运行测试方法之前运行一次。
- @AfterClass：测试类运行后的清除环境，一个测试类在运行完所有测试方法后运行一次。
- @Before：每个测试用例运行前运行，有多少个测试用例，就会运行多少次。
- @After：每个测试用例运行后运行，有多少个测试用例，就会运行多少次。
- @Test：表示具体的测试用例。
- @Ignore：该测试用例将被忽略。
- @Rule：定义一些规则，如超时时间、异常捕获等。

下面通过两段代码来分别理解几个重要注解。

@BeforeClass 和@AfterClass 的特点为在一个测试类中永远只会运行一次。示例代码如图 3-30 所示。

```java
package com.learn.testing;

import static org.junit.Assert.*;
import org.junit.*;
import com.learn.compare.StringHandle;

public class StringHandleAnnotation {

    public static StringHandle stringHandle;

    @BeforeClass
    public static void classInit() {
        System.out.println("为测试集进行实例化.");
        stringHandle = new StringHandle();
    }

    @AfterClass
    public static void classFree() {
        System.out.println("为测试集释放资源.");
        stringHandle = null;
    }

    @Test
    public void splitString() {
        String source = "333,111,222,666";
        Integer[] expect = {333, 111, 222, 666};
        Integer[] actual = stringHandle.splitString(source, ",");
        assertArrayEquals(expect, actual);
    }

    @Test
    public void isNumber() {
        String source = "12345";
        boolean actual = stringHandle.isNumber(source);
        assertEquals(true, actual);
    }
}
```

图 3-30 关于@BeforeClass 和@AfterClass 的示例代码

@Before 和@After 的特点为每一个测试用例都会运行一次。示例代码如图 3-31 所示。

```java
package com.learn.testing;

import static org.junit.Assert.*;
import org.junit.*;
import com.learn.compare.StringHandle;

public class StringHandleAnnotation {

    public static StringHandle stringHandle;

    @Before
    public void caseInit() {
        System.out.println("为单个用例进行实例化.");
```

图 3-31 关于@Before 和@After 的示例代码

```
        stringHandle = new StringHandle();
    }

    @After
    public void caseFree() {
        System.out.println("为单个用例释放资源.");
        stringHandle = null;
    }

    @Test
    public void splitString() {
        String source = "333,111,222,666";
        Integer[] expect = {333, 111, 222, 666};
        Integer[] actual = stringHandle.splitString(source, ",");
        assertArrayEquals(expect, actual);
    }

    @Test
    public void isNumber() {
        String source = "12345";
        boolean actual = stringHandle.isNumber(source);
        assertEquals(true, actual);
    }
}
```

图 3-31 关于@Before 和@After 的示例代码（续）

3.3.5 JUnit 假设机制

理想情况下，编写测试用例的开发人员可以明确地知道所有导致他们所编写的测试用例不通过的地方。然而，有的时候，这些导致测试用例不通过的地方不容易被发现，可能隐藏得很深，从而导致开发人员在编写测试用例时很难预测到这些因素，为此，引入了假设机制。

假设机制的优点如下。

- 通过对 runtime 变量的值进行假设，使测试更加连贯，不会因为一个测试用例不通过而导致整个测试失败并中断。
- 利用假设可以控制某个测试用例的运行时间，让它在期望的时候运行。

图 3-32 中的代码片段描述了假设机制的使用方法。

```
@Test
public void testAssume() {
    // 根据时间来决定是否需要运行
    Java.util.Calendar c = Java.util.Calendar.getInstance();
    assumeThat(c.getTime().getSeconds(), lessThan(30));
    System.out.println("如果秒数小于 30，则执行，当前秒数是" + c.getTime().
        getSeconds());
}
```

图 3-32 假设机制的使用方法

3.3.6 JUnit 参数化

JUnit 框架中的参数化机制是当前所有单元测试框架中最强大的一种功能。其他的一些框架中也有类似的实现，不过都有很多限制，根本无法用于实际项目。

参数化究竟有何神秘之处？下面先从一个简单的案例说起，在对 StringHandle 类中的 splitString 和 isNumber 两个方法进行测试时，根据测试用例设计方法，必然会想到要进行多种有效等价类和无效等价类的测试，一个测试方法显然不够用。例如，对于 isNumber，自然想到要对各种输入进行测试以求全面，包括正数、负数、小数、字符串、数字加字符串、特殊字符等，那么按照之前的用法，就需要为其准备至少 6 个测试方法来进行测试和断言，这显然将增加测试代码的维护成本。JUnit 的参数化机制便是用来解决这一问题的。

简单来说，参数化机制就是"实现测试代码和测试数据的分离"。对于一个被测方法来说，只需要实现一个测试用例的代码，对测试数据进行重用即可。这一原理普遍适用于所有黑盒类的自动化测试工具中。

现在，就用参数化机制来对 StringHandle 类中的 isNumber 和 splitString 两个方法进行改造。

（1）对 isNumber 进行参数化改造，代码如图 3-33 所示。

```
package com.learn.testing;

import static org.junit.Assert.*;
import Java.util.Arrays;
import Java.util.Collection;
import org.junit.Test;
import com.learn.compare.StringHandle;

import org.junit.runner.RunWith;
import org.junit.runners.Parameterized;
import org.junit.runners.Parameterized.Parameters;

@RunWith(Parameterized.class)     // 使用参数化运行器
public class StringHandleParam {

    public String source;
    public boolean result;

    // 构造函数
    public String HandleParam(String source, boolean result){
        this.source = source;
```

图 3-33 对 isNumber 进行参数化改造

```java
        this.result = result;
    }

    @Parameters         // 指定该方法为参数生成器
    @SuppressWarnings("unchecked")      // 忽略警告信息
    public static Collection getParamters() {
        // 输入值和结果必须与构造函数的定义一一对应
        Object[][] object = {{"12345", true}, {"TT123", false}, {"", false}, {null, false},
                    {"!@#$%^&", false}};
        return Arrays.asList(object);
    }

    @Test
    public void isNumber_Param() {
        StringHandle sh = new StringHandle();
        boolean result = sh.isNumber(this.source);
        assertEquals(this.result, result);
    }
}
```

图 3-33 对 isNumber 进行参数化改造（续）

（2）对 splitString 进行参数化改造，代码如图 3-34 所示。

```java
package com.learn.testing;

import static org.junit.Assert.*;
import Java.util.Arrays;
import Java.util.Collection;
import org.junit.Test;
import com.learn.compare.StringHandle;

import org.junit.runner.RunWith;
import org.junit.runners.Parameterized;
import org.junit.runners.Parameterized.Parameters;

@RunWith(Parameterized.class)       // 使用参数化运行器
public class StringHandleParam {

    public String source;
    public Integer[] result;

    // 构造函数
    public StringHandleParam(String source, Integer[] result){
        this.source = source;
        this.result = result;
    }

    @Parameters
    @SuppressWarnings("unchecked")
    public static Collection getParamters() {
        Integer[] result1 = {11,22,33};// 对于复杂类型的参数值, 先定义
```

图 3-34 对 splitString 进行参数化改造

```
            Integer[] result2 = {-22,-33,-44};
            Object[][] object = {{"11,22,33", result1}, {"-22,-33,-44", result2}};
            return Arrays.asList(object);
        }

        @Test
        public void splitString_Param() {
            StringHandle sh = new StringHandle();
            Integer[] splitResult = sh.splitString(this.source, ",");
            assertArrayEquals(this.result, splitResult);
        }
    }
```

图 3-34　对 splitString 进行参数化改造（续）

由以上测试代码可以看出，使用参数后，测试用例就完全重用了，只需要写一个测试夹具，然后构造需要的参数值即可实现多种测试。

3.3.7　JUnit 测试集

到目前为止，我们仍然在对单个测试夹具进行测试。很显然，实际中不可能手动地逐个运行测试夹具。既然要编写自动化测试代码，就希望代码完全可以自动运行，否则就失去了自动化测试的价值了。JUnit 使用测试套件运行器来完成自动运行，其核心作用是通过指定测试夹具类名来完成调用。代码如图 3-35 所示。

```
package com.learn.testing;

import org.junit.runner.RunWith;
import org.junit.runners.Suite;

@RunWith(Suite.class)
@Suite.SuiteClasses(
{
    StringHandleJUnit4.class,
    StringHandleParam.class,
    StringHandleAnnotation.class
})
public class CompareTestSuite {
    // 不执行任何操作
}
```

图 3-35　指定测试夹具的类名来完成调用的示例

总之，单元测试的核心是测试夹具，测试夹具本身其实就是一个软件设计项目，各种程序设计方法同样适用测试。所以通过上述代码可以看到，单元测试框架不但提供了断言机制，而且提供了更多有用的功能，合理使用这些功能，将自然而然地写出符合规范的测试夹具。这就是框架的魅力所在，框架本身是一个半成品，但是它为测试用例编写者提供了清晰的思路,并规范了测试夹具的写法,同时使开发人员在编写测试夹具时将重点放在业务逻辑和测试用例设计上。

另外,单元测试的这些思路是否适用于集成测试呢?答案是肯定的。要回答清楚这个问题,首先要清楚集成测试的原理和方法。简言之,集成测试关注的是接口(或者 API)之间的调用,单元测试关注的是接口内部的代码逻辑。做单元测试需要专门设计一些驱动和桩来隔离环境,以使测试代码只关注单元内部的逻辑而忽略调用的其他接口,而集成测试只关注暴露出来的可调用的接口(如 public 方法),而不关注该接口内部具体调用了哪些其他接口。

可以看到,单元和集成都有一个共同点——测试接口,所以所有的单元测试方法均适用于集成测试。只不过在进行纯粹的单元测试时需要设计桩,而在进行集成测试时不用考虑桩的问题。也正是由于桩的问题,事实上,大量的测试、开发团队实现的单元测试是集成测试。

3.4　JMock 测试框架

JMock 是用于创建 Mock 对象的工具框架,它基于 Java 开发,在 Java 测试与开发环境中有不可比拟的优势。更重要的是,JMock 大大简化了虚拟对象的使用。

3.4.1　驱动和桩

3.3 节讲到了驱动和桩,那么究竟什么是驱动呢?这个很好理解,测试夹具就是驱动。那么什么是桩呢?桩有何价值呢?

举一个简单的例子,一个简单的程序有 3 个函数,即 A、B、C,函数的调用关系为 A→B→C,那么现在要测试函数 C,只需要写一个驱动去调用 C 即可。那么如果要测试 B 呢?驱动肯定要有。另外,为了使 B 测试时不受 C 的影响,需要隔离 C,那么怎么隔离呢?用桩 C#代替 C,让 B 调用 C#而不是 C。而 C#桩是可以由测试人员来控制的,想让它返回什么结果就返回什么结果,这样就可以达到隔离的效果。

再考虑另外一种场景,现在要对 B 函数进行测试,但是 C 函数还没有实现。毫无疑问,若 B 函数是无法运行的,测试必然无法正常进行。那么怎么办?写一个桩——C##,伪装成 C 好像已经实现,这样 B 就可以成功运行,从而达到测试目的。

例如,StringHandle 类中的 isNumber 方法还没有实现,那么可以采用这种方法来实现 isNumber,代码如图 3-36 所示。

```
public boolean isNumber(String source) {
    return true;
}
```

图 3-36 关于 isNumber 的示例

以上代码完全可以让调用 isNumber 的代码运行起来，不过这里有一个比较严重的问题：将开发的代码更改了，强行在 StringHandle 类中加入了一个"伪装"的 isNumber 方法。这显然会有问题，测试人员不能通过修改开发的原始代码来达到测试目的。另外，通常被测代码不一定是源代码，有可能是打包好的 JAR 包，调用 JAR 包中的接口来进行测试，这个时候是没有办法改变代码的，那么究竟如何处理，才能从根本上解决这一问题呢？答案是使用 Mock 对象。

3.4.2 Mock 对象

顾名思义，Mock 对象用来假冒一个方法，达到隔离环境的目的，适用于对一些还没有实现的方法的模拟。其实，只要真正理解了"多态"的使用，使用 Mock 对象就不会有任何问题，所以 Mock 的核心在于"多态"。下面基于多态特性来介绍 Mock 对象。

要使用 Mock，必须借助多态性。同样，要使用多态性，必须借助接口。显然，之前并没有使用任何接口来定义规范，而直接使用类方法来完成。所以，需要对 StringHandle 类进行适当改造，让它可以实现多态性。为了对比改造后与改造前的区别，建议新建一个包，专门存放改造后的代码，在此创建一个新的包 com.learn.updated，将 com.learn.compare 目录下的所有源代码复制过来。

首先，定义 IString 接口，定义方法 isNumber，代码如图 3-37 所示。

```
package com.learn.updated;

public interface IString {
    public boolean isNumber(String source);
}
```

图 3-37 定义接口和方法

然后，把 StringHandle 类改造成实现 IString 接口的实现类，代码如图 3-38 所示。

```
package com.learn.updated;

import java.io.BufferedReader;
import java.io.IOException;
import java.io.InputStreamReader;
```

图 3-38 改造类

```
import Java.util.Arrays;
import Java.util.Vector;

public class StringHandle {

    public IString istring;        // 定义接口变量 istring

    // 从控制台输入字符串
    public Integer[] inputString() {
        // 代码不变,此处省略
    }

    // 将字符串解析成数组
    public Integer[] splitString(String source, String delimiter) {
        Vector<Integer> vector = new Vector<Integer>();
        int position = source.indexOf(delimiter);
        while (source.contains(delimiter)) {
            String value = source.substring(0, position);
            if (istring.isNumber(value)) {     // 将该行修改成 istring.isNumber
                vector.add(Integer.parseInt(value));
            }
            else {
                Integer[] result = {1};
                return result;
            }
            source = source.substring(position + 1, source.length());
            position = source.indexOf(delimiter);
        }
        vector.add(Integer.parseInt(source));
        Integer[] array = new Integer[vector.size()];
        vector.copyInto(array);
        return array;
    }

    // 检查字符串是否可正常转换为数字
    public boolean isNumber(String source) {
        // 删除该方法
    }
}
```

图 3-38 改造类(续)

以上代码的核心在于使用 istring 来调用其方法 isNumber,而不是直接通过 this.isNumber 调用,这样就可以通过将不同的实例传递给 istring 来实现 Mock 的方法。

接下来,创建一个新的包 com.learn.jmock,并创建一个 Mock 类 MockIString.Java,代码如图 3-39 所示。

```
package com.learn.jmock;

import com.learn.updated.*;

public class MockIString implements IString {
```

图 3-39 创建包和类

```java
public boolean isNumber(String source) {
    return true;
}
}
```

图 3-39 创建包和类（续）

最后，使用 Mock 对象来对 StringHandle.splitString 进行测试，具体代码（StringHandle-Mock.Java）如图 3-40 所示。

```java
package com.learn.jmock;

import static org.junit.Assert.assertArrayEquals;
import org.junit.Test;
import com.learn.updated.StringHandle;

public class StringHandleMock {
    @Test
    public void splitString() {
        StringHandle stringHandle = new StringHandle();
        stringHandle.istring = new MockIString();
        String source = "333,111,222,666";
        Integer[] expect = {333, 111, 222, 666};
        Integer[] actual = stringHandle.splitString(source, ",");
        assertArrayEquals(expect, actual);
    }
}
```

图 3-40 进行测试的具体代码

上述代码通过了测试，虽然看到 StringHandle 中并没有实现 isNumber，但是由于在 MockIString 中实现了它，利用多态性将 MockIString 的实例传递给 StringHandle 类的 istring 接口变量，这样 splitString 方法就可以正常使用 istring.isNumber 了。这样做并不会修改到被测试的源代码，从根本上解决了使用桩所遇到的各种问题。

Mock 对象的使用范畴如下。

- 真实对象具有不可确定的行为，产生不可预测的效果（如股票行情、天气预报）。
- 真实对象很难创建。
- 真实对象的某些行为很难触发。
- 真实对象实际上还不存在（和其他开发小组或者新的硬件交互）等。

使用 Mock 对象测试的关键步骤如下。

（1）使用一个接口来描述这个对象。
（2）在产品代码中实现这个接口。
（3）在测试代码中实现这个接口。

在被测代码中只通过接口来引用对象，所以代码不知道引用的对象是真实对象还是

Mock 对象。

3.4.3 JMock 的特性

JMock 利用多态性动态产生 Mock 对象，而无须专门创建 Mock 类，可以快速生成 Mock 对象，包括模拟接口的各种方法，传递不同的参数值和返回值。只需要在对某个方法进行测试前先动态模拟相应的被调方法即可。可以把 Mock 对象直接放在测试夹具中，并根据需要灵活地使用，特别是在需要模拟一系列返回值时，这将特别高效。

JMock 是专门针对 Java 程序进行单元测试的框架，与 JUnit 无缝集成，共同组成单元测试框架的黄金组合。总的来说，JMock 是一个用于模拟对象技术的轻量级实现。JMock 具有以下特点。

（1）可以用简单易行的方法定义模拟对象，无须破坏本来的代码结构表。

（2）可以定义对象之间的交互，从而增强测试的稳定性。

（3）可以集成到测试框架中。

（4）易扩充。

要使用 JMock，必须首先在项目的类路径中导入 Jar 包，如 jmock-2.5.1.jar 和 JMock 与 JUnit 集成的 JAR 包（如 jmock-junit4-2.5.1.jar）。

3.4.4 使用 JMock 模拟 isNumber 方法

仍然基于上述代码，这次不使用 MockIString 类来创建 Mock 类，而直接使用 JMock 来创建 Mock 类，示例代码（StringHandleJMock.Java）如图 3-41 所示。

```java
package com.learn.jmock;

import org.jmock.Expectations;
import org.jmock.Mockery;
import org.jmock.integration.junit4.JMock;
import org.jmock.integration.junit4.JUnit4Mockery;
import org.junit.Test;
import org.junit.runner.RunWith;
import static org.junit.Assert.*;
import com.learn.updated.*;

@RunWith(JMock.class)
public class StringHandleJMock {

    public Mockery context = new JUnit4Mockery();
    @Test
```

图 3-41 直接使用 JMock 来创建 Mock 类的示例代码

```
public void splitString() {
    // 使用 JMock
    final IString istring = context.mock(IString.class);
    final String source = "11,22,33,44"; // 参数值必须定义为常量

    // 创建模拟方法的参数和期望结果
    context.checking(new Expectations()
    {{
        atLeast(3).of(istring).isNumber(with(any(String.class)));
        will(returnValue(true));
    }});

    StringHandle stringHandle = new StringHandle();
    stringHandle.istring = istring; // 将 Mock 对象 istring 直接传递给 StringHandle
    Integer[] expect = {11, 22, 33, 44};
    Integer[] actual = stringHandle.splitString(source, ",");
    assertArrayEquals(expect, actual);
}
```

图 3-41 直接使用 JMock 来创建 Mock 类的示例代码（续）

以上代码便是 JMock 的核心，代码演示了如何使用 JMock 来动态创建一个 Mock 类 istring，并调用其方法 isNumber，参数及返回值在 context.checking 中定义。可以看到诸如 atLeast(3)、with(any(String.class))、will(returnValue(true))这样的语句。在 JMock 中，类似的关键方法还有很多，列举如下。

（1）可以指定期望调用次数的方法如下。

- one：仅调用一次。
- exactly(*n*).of：调用 *n* 次。
- atLeast(*n*).of：至少调用 *n* 次。
- atMost(*n*).of：至多调用 *n* 次。
- between(min,max).of：最少调用 min 次，最多调用 max 次。
- allowing：调用任意次。
- ignoring：不检查此 Mock 对象的调用。
- never：一次也不调用。

（2）可以作为参数匹配器的方法如下。

- equal(*n*)：参数等于 *n*。
- same(o)：参数是对象且和对象 o 引用的是同一个对象。
- any(Class<T> type)：参数是 type 类型的任意值。
- a(Class<T> type)：表示 type 或者 type 子类的一个实例。

- an(Class<T> type)：等同于 a(Class<T> type)。
- aNull(Class<T> type)：参数的类型为 type，为空。
- aNonNull(Class<T> type)：参数的类型为 type，非空。
- not(m)：对匹配规则取反，如 not(equal(*n*))，参数不为 *n*。
- anyOf(*m*1, *m*2, ..., *mn*)：要和 *m*1 到 *mn* 中的任意一个匹配规则进行匹配。
- allOf(*m*1, *m*2, ..., *mn*)：要和 *m*1 到 *mn* 的所有匹配规则进行匹配。

（3）定义返回值的方法如下。
- will(returnValue(*v*))：返回 *v* 给调用者。
- will(returnIterator(*c*))：每次调用时返回集合 *c* 的一个新迭代器。
- will(returnIterator(*v*1, *v*2, ..., *vn*))：每次调用都返回对应的迭代器，如第一次返回 *v*1，第 *n* 次返回 *vn*。
- will(throwException(e))：被调用后，抛出一个异常 e。
- will(doAll(*a*1, *a*2, ..., *an*))：每次调用都会导致 *a*1 到 *an* 定义的操作发生，即操作是可以嵌套的。

如果期望返回值因调用的次数不同而不同，则可以为一个 Mock 方法提供多个返回值。示例代码如图 3-42 所示。

```
one(istring).isNumber(with(any(String.class)));
will(returnValue(true));
one(istring).isNumber(with(any(String.class)));
will(returnValue(false));
one(istring).isNumber(with(any(String.class)));
will(returnValue(true));
```

图 3-42　为一个 Mock 方法提供多个返回值的示例代码

图 3-42 所示代码表明第一次调用 isNumber 时返回 true，第二次返回 false，第三次返回 true。然而，这样的书写方法不利于维护代码，所以 JMock 提供了一个更好的方法 onConsecutiveCalls。示例代码如图 3-43 所示。

```
atLeast(3).of(istring).isNumber(with(any(String.class)));
//will(returnValue(true));
will(onConsecutiveCalls(returnValue(true), returnValue(false), returnValue(true)));
```

图 3-43　关于 onConsecutiveCalls 的示例代码

3.4.5　使用 JMock 模拟类

因为 JMock 使用 Java 的默认反射能力，所以 JMock 框架的默认配置仅仅可以模拟接口，不能模拟类。另外，我们不提倡一个开发团队使用类而不使用接口，这本身就不是一种好的开发风格。然而，考虑到开发团队的人员水平良莠不齐，或者其他遗留原因等，难免不会存在直接在代码中实例化类并调用其方法的情况。JMock 通过使用 ClassImposteriser 扩展类来使用 CGLIB2.1 和 Objenesis 类库，可以像接口一样创建类的模拟对象。当使用遗留代码时，这对分解紧耦合类之间的依赖关系是很有用的。

要使用 JMock 来模拟类，必须首先将 jmock-legacy-2.5.1.jar、cglib-nodep-2.1_3.jar 和 objenesis-1.0.jar 添加到项目的 CLASSPATH 中。

同样需要改造代码，以适应 JMock 的需要，而事实上，如果真的要修改代码，只能说明一件事，那就是代码本身在结构设计上存在问题。

首先，修改 CompareHandle 类的代码（见图 3-19），删除方法 mainCheck 中的"ArrayHandle ah = new ArrayHandle();"一句，并为类添加定义"public ArrayHandle ah = null;"，需要调用的时候才将类的实例传递给 mainCheck 方法。

然后，使用 JMock 来模拟类 ArrayHandle，并模拟 arraySort 和 arrayCompare 方法的返回值。示例代码如图 3-44 所示。

```java
package com.learn.jmock;

import static org.junit.Assert.assertEquals;

import org.jmock.Mockery;
import org.jmock.Expectations;
import org.jmock.integration.junit4.JMock;
import org.jmock.integration.junit4.JUnit4Mockery;
import org.jmock.lib.legacy.ClassImposteriser;
import org.junit.Test;
import org.junit.runner.RunWith;

import com.learn.compare.ArrayHandle;
import com.learn.compare.CompareHandle;

@RunWith(JMock.class)
public class CompareHandleMockClass {

    Mockery context = new JUnit4Mockery() {{
        setImposteriser(ClassImposteriser.INSTANCE);
    }};

    @Test
    public void mainCheck() {
        final ArrayHandle ah = context.mock(ArrayHandle.class);
        final Integer[] a = {1, 2, 3};
        final Integer[] b = {1, 3, 2};

        context.checking(new Expectations()
```

图 3-44 使用 JMock 模拟类 ArrayHandle 的示例代码

```
        {{
            atLeast(1).of(ah).arrayCompare(with(any(Integer[].class)),
                    with(any(Integer[].class)));
            will(returnValue(false));

            atLeast(1).of(ah).arraySort(with(any(Integer[].class)));
            will(returnValue(with(any(Integer[].class))));
        }});
        CompareHandle ch = new CompareHandle();
        ch.ah = ah;
        assertEquals(3, ch.mainCheck(a, b));
    }
}
```

图 3-44 使用 JMock 模拟类 ArrayHandle 的示例代码（续）

其实，通过对以上代码的仔细分析，你会发现，这些代码与 JMock 模拟接口没有本质上的区别。同样需要对被测代码进行良好的设计，否则仍然无法实现模拟。既然这样，那么为什么不使用多态呢？毕竟多态才是面向对象编程的核心。

第 4 章　Appium 开发

4.1　搭建 Appium 环境

Appium 是一个十分流行的 APP 自动化框架,其主要优势是同时支持 Android 和 iOS 平台,脚本语言支持 Java 和 Python 等。

下面以 Python 为例,搭建一个 Appium 的运行环境。

4.1.1　环境准备

环境是 Windows 10 版本的 64 位系统。

需要的软件如下:

- JDK 1.8.0（64 位）;
- Windows 版本的 Android SDK;
- Python 3.6;
- Appium 1.9;
- Node.js;
- Appium-Python-Client。

4.1.2　安装 JDK

安装 JDK 的步骤如下。

（1）下载 JDK 包,下载 64 位的 1.8 版本。

（2）安装过程中保持默认设置即可。注意,安装路径中不要有空格,不要有中文。

（3）设置 3 个系统变量。

首先,打开"控制面板",选择"系统和安全"选项,并在弹出的界面中选择"系统"

选项。然后，在弹出的界面中选择"高级系统设置"选项。接下来，在弹出的"系统属性"对话框中，选择"高级"选项卡，并单击"环境变量"按钮，弹出"环境变量"对话框。

如图 4-1 所示，在"系统变量"区域设置第一个系统变量 JAVA_HOME 为"D:\Program Files\Java\ jdk1.8.0_92"（根据自己的安装路径填写）。

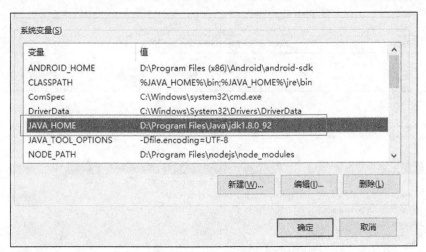

图 4-1 设置 JAVA_HOME

如图 4-2 所示，设置第二个系统变量 CLASSPATH 为"%JAVA_HOME%\lib;%JAVA_HOME%\jre\bin"。

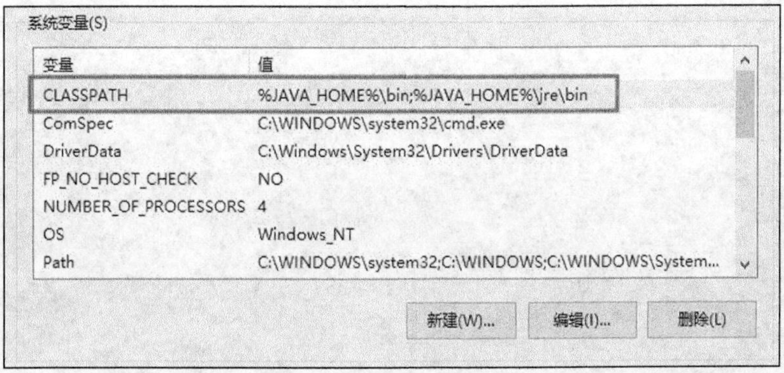

图 4-2 设置 CLASSPATH

如图 4-3（a）和（b）所示，设置第三个系统变量 Path 为"D:\Program Files\Java\jdk1.8.0_92\bin"。

打开命令窗口，验证 JDK 是否安装成功，输入 java -version，然后输入 javac，若显示版本号和帮助信息，则说明 JDK 安装成功，如图 4-4 所示。

第 4 章　Appium 开发

（a）

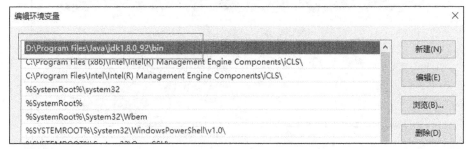

（b）

图 4-3　设置 Path

图 4-4　通过 java -version 和 javac 验证 JDK 是否安装成功

4.1.3 下载与安装 Android SDK

Android SDK 是进行 Android 测试和开发的必备环境，可从 androiddevtools 网站下载 Android SDK。这里下载图 4-5 所示 Android SDK 的 Windows 版本。

图 4-5　下载 Android SDK 的 Windows 版本

下载并解压后，可以发现里面有一个 SDK Manager.exe，双击并打开这个文件，如图 4-6 所示。

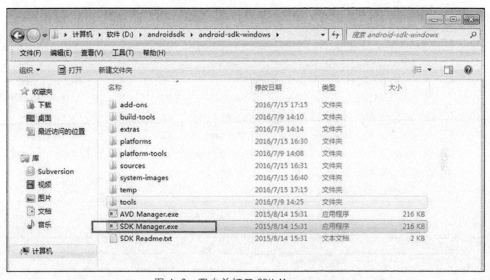

图 4-6　双击并打开 SDK Manager.exe

首先，勾选 Tools 文件夹中的 Android SDK Tools（这个文件在之前的一步已经下载，一般不会让用户再安装，不过有可能会让用户更新）。然后，勾选 Android SDK Platform-tools 和 Android SDK Build-tools，如图 4-7 所示，并安装。

勾选要下载的 API 版本和对应的 Android 版本，这里勾选 Android 9 的全部包（见图 4-8)，并下载。

对于 Extras，选择安装图 4-9 所示的 Android Support Repository 和 Google USB Driver。

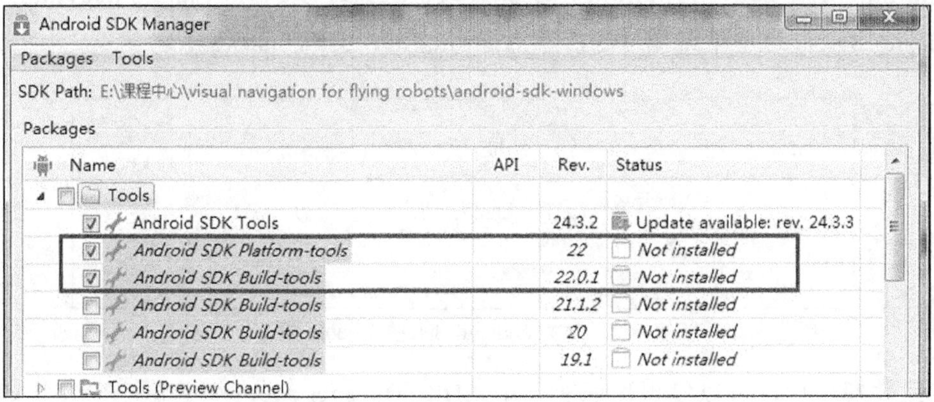

图 4-7　勾选对应工具

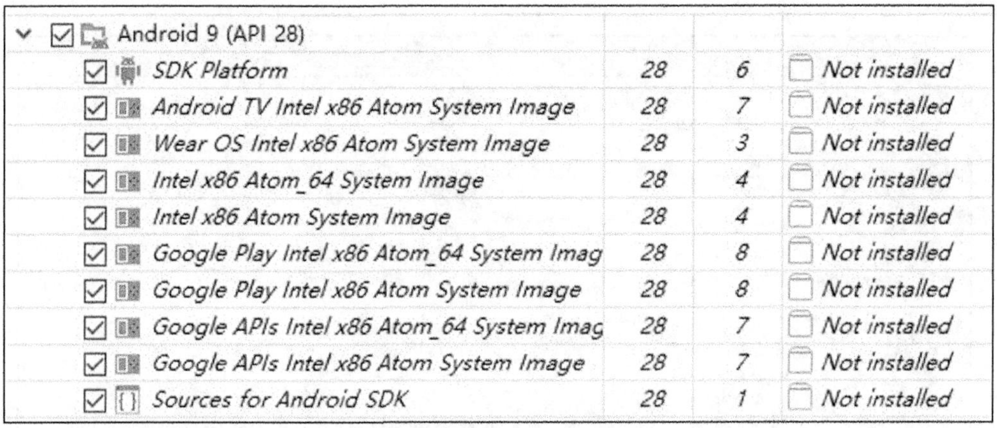

图 4-8　勾选 Android 9 的全部包

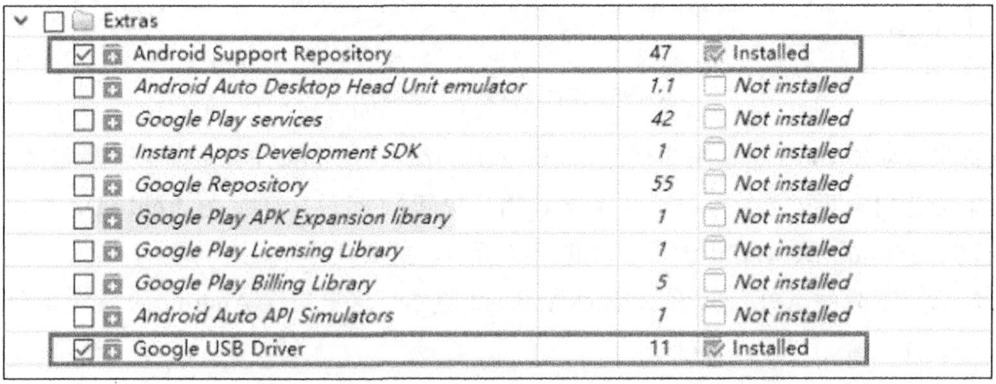

图 4-9　选择安装 Android Support Repository 和 Google USB Driver

4.1.4 添加 Android SDK 环境变量

在"环境变量"对话框中新建 ANDROID_HOME，对应变量值为"D:\Program Files (x86)\Android\android-sdk"（SDK 安装路径），如图 4-10 所示。

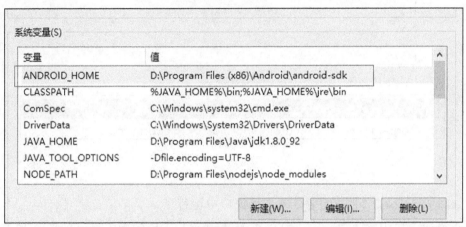

图 4-10　设置 ANDROID_HOME 的值

在 Path 中添加两个变量，将图 4-11 所示的两个文件（platform-tools 和 tools）的路径添加到 Path 中，如图 4-12（a）和（b）所示。

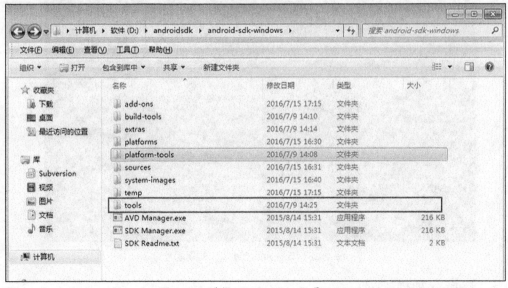

图 4-11　选择 platform-tools 和 tools

第4章 Appium 开发

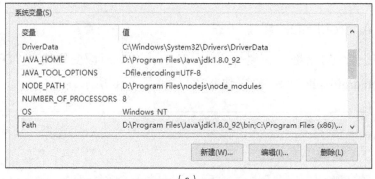

图 4-12 在 Path 中添加两个变量

添加环境变量后，可以直接在命令行窗口中运行了。

在命令行窗口中输入"adb"，可以查看 Android SDK 的版本号，如图 4-13 所示。

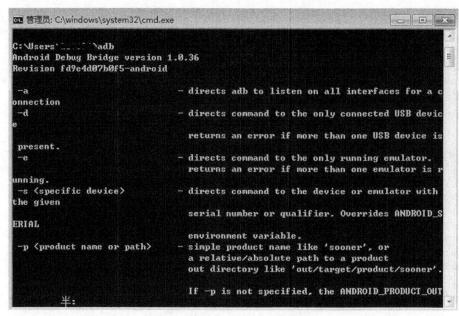

图 4-13 查看 Android SDK 的版本号

4.1.5 连接夜神模拟器

因为夜神模拟器的默认端口是 62001，所以首先在命令行窗口中执行命令 adb connect

127.0.0.1:62001，然后执行命令 adb devices。运行结果显示模拟器已经连接，如图 4-14 所示。

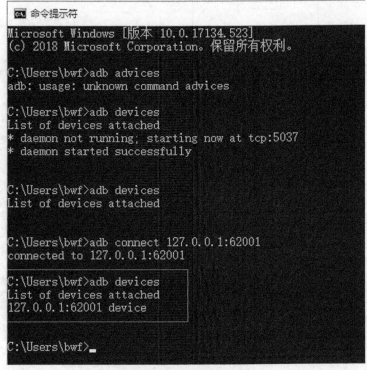

图 4-14　模拟器已经连接

到这里，Android 的测试开发环境已经搭建完毕。

4.1.6　安装 Node.js

从官方网站下载 Node.js，如图 4-15 所示。

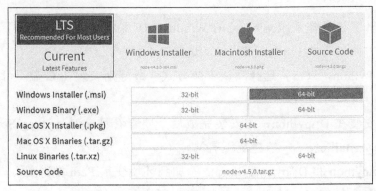

图 4-15　下载 Node.js

下载后安装 Node.js（直接安装到 C 盘）。安装完成后，在命令行窗口中输入 node -v 查看 Node.js 的版本号，如图 4-16 所示。

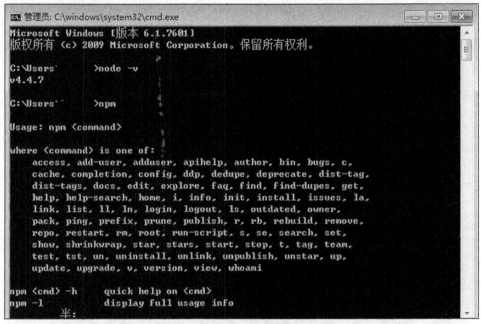

图 4-16　查看 Node.js 的版本号

若出现图 4-16 所示的 Usage 信息，表示 Node.js 安装成功。npm 是一个管理和分发 Node.js 包的工具。有了 npm，后面就可以输入指令并在线安装 Appium（在命令行窗口中输入 npm install-g Appium，但是一般不推荐这种方法，下载速度比较慢，所以可以采用客户端安装方式安装）。

4.1.7　安装 Python

这里要求计算机操作系统是 64 位的 Windows 10 系统。安装步骤如下。

（1）从官方网站下载 Python 安装包，选择 3.6 版本。

（2）安装 Python，双击，选择默认安装方式（最好别安装在 C 盘，可以选择安装在 D 盘）。

（3）如果安装在 D:\python，则安装完成后，要查看目录 D:\python\Scripts 中有没有 pip.exe 和 easy_install.exe（一般情况下有）。

（4）将 D:\python 和 D:\python\Scripts 添加到环境变量 Path 中。

（5）打开命令行窗口，输入 python，出现版本号，然后输入 print("hello world!")，如图 4-17 所示。

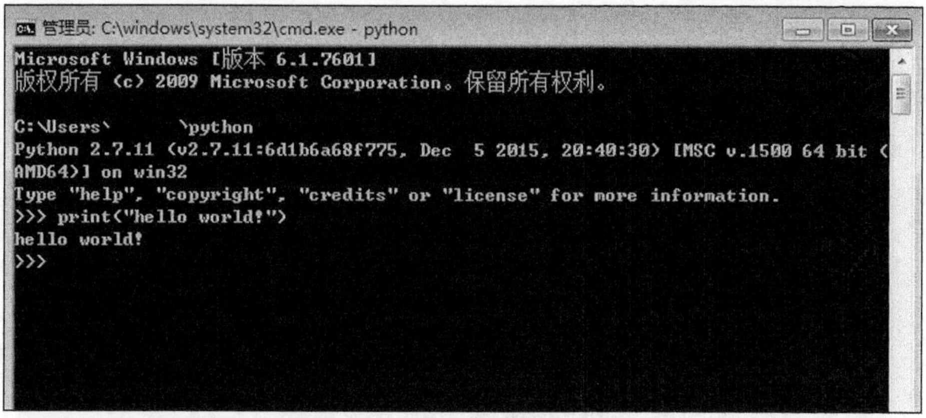

图 4-17 输入 print("hello world!")

4.1.8 安装 Appium-desktop

Appium-desktop 是一款用于 Mac、Windows 和 Linux 系统的开源应用，它以美观而灵活的用户界面为用户提供了 Appium 自动化服务器的强大功能。Appium-desktop 是一些与 Appium 相关的工具的组合。

Appium-desktop 的下载地址是 GitHub 网站。根据自己的平台选择相关的包进行下载。这里以 Windows 系统为例，所以选择下载 appium-desktop-Setup-1.9.1.exe 文件。

安装过程很简单，双击 EXE 文件，然后等待安装。

选择图 4-18（a）中的 Path 值，单击"编辑"按钮，设置系统变量 Path 为"D:\appium-desktop\resources\app\node_modules.bin"，如图 4-18（b）所示。

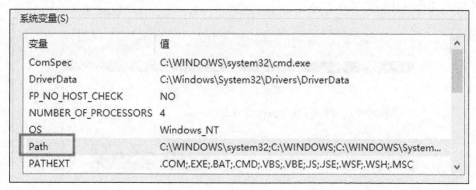

(a)

图 4-18 设置环境变量

第 4 章　Appium 开发

（b）

图 4-18　设置环境变量（续）

4.1.9　安装 .NET Framework

Appium 是用 .NET 开发的，所以需要安装 .NET Framework 4.5，下载地址是 Microsoft 官方网站，如图 4-19 所示。

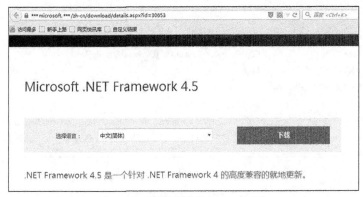

图 4-19　下载 .NET Framework 4.5

4.1.10 检查 Appium 环境设置

打开命令行窗口，输入 appium-doctor，检查 Appium 环境是否设置好。若出现图 4-20 所示消息，说明环境已经设置好。

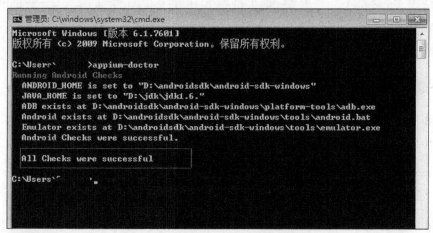

图 4-20 检查 Appium 环境是否设置好

4.1.11 安装 Appium-Python-Client

前面已经安装好 Python 环境，并且已经准备好 pip 工具了，所以这里直接打开命令行窗口。输入 pip install Appium-Python-Client，安装 Appium-Python-Client，如图 4-21 所示。

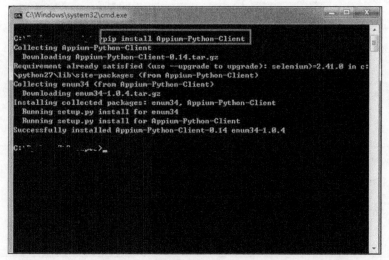

图 4-21 安装 Appium-Python-Client

至此，Appium 的运行环境搭建完毕。

4.1.12 第一个脚本

如何启动 APP 呢？首先要获取包名，然后获取 launchable-activity。获取这两个关键信息的方法很多，这里不一一介绍。这里推荐 SDK 自带的一个实用工具——aapt（Android Asset Packaging Tool）。aapt 位于 SDK 的 build-tools 目录下。该工具可以用于查看 APK 包名和 launchable-activity。

1. 下载和安装 aapt

下载和安装 aapt 的步骤如下。

（1）如图 4-22 所示，双击并打开 SDK Manager.exe，用于下载 build-tools。

图 4-22 双击并打开 SDK Manager.exe

（2）勾选 Android SDK Build-tools，并选择一个版本，这里选择 28.0.3 版本，如图 4-23 所示。

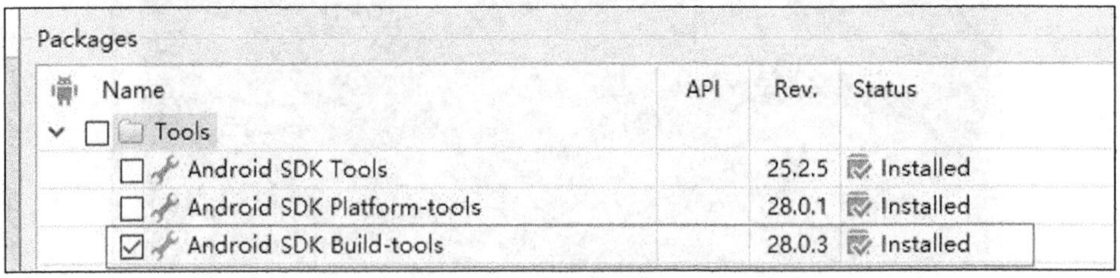

图 4-23 选择 28.0.3 版本

4.1　搭建 Appium 环境

（3）下载完成后，在 D:\Program Files (x86)\Android\android-sdk\build-tools\28.0.3 目录下找到 aapt.exe（见图 4-24），将这个路径设置添加到 Path 环境变量中。

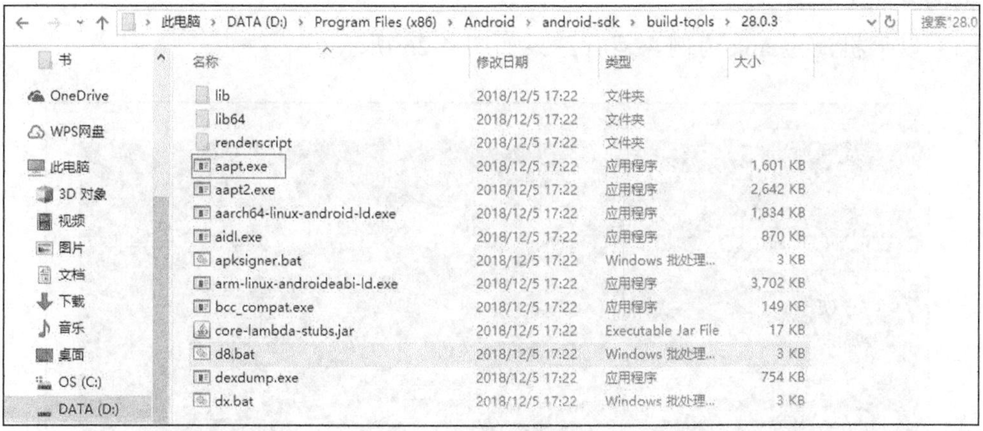

图 4-24　找到 aapt.exe

（4）打开命令行窗口，输入 aapt，出现图 4-25 所示界面，说明 aapt 的运行环境已经配置好。

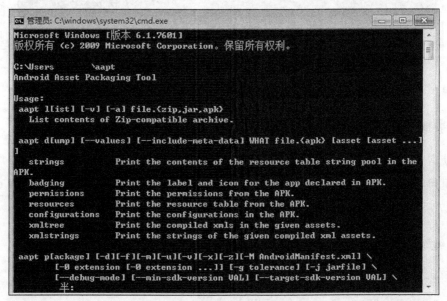

图 4-25　aapt 的环境已经配置好

2. 获取 APK 包名

获取 APK 包名的步骤如下。

(1) 将准备测试的 APK 放到 D 盘某个目录（如 D:\test）下。

(2) 打开命令行窗口，输入命令 aapt dump badging D:\test\xxx.apk（APK 的全名，如手机淘宝.apk）。

(3) 以手机淘宝.apk 为例，运行结果如图 4-26 所示。

图 4-26　运行手机淘宝.apk 的结果

这里可以看到 APK 的包名 com.taobao.taobao。

3. 获取 launchable-activity

要获取 launchable-activity，在命令行窗口中，找到 launchable-activity。

这里可以看到，淘宝的 launchable-activity 值为 com.taobao.tao.welcome.Welcome，如图 4-27 所示。

4. 编写脚本

如图 4-28 所示，编写脚本。具体设置如下。

- platformName：这里是 Android 的 APK。
- deviceName：表示手机设备名称，通过 adb devices 查看。
- platformVersion：表示 Android 系统的版本号。
- appPackage：表示 APK 包名。

4.1 搭建 Appium 环境

- appActivity：表示 APK 的 launchable-activity。

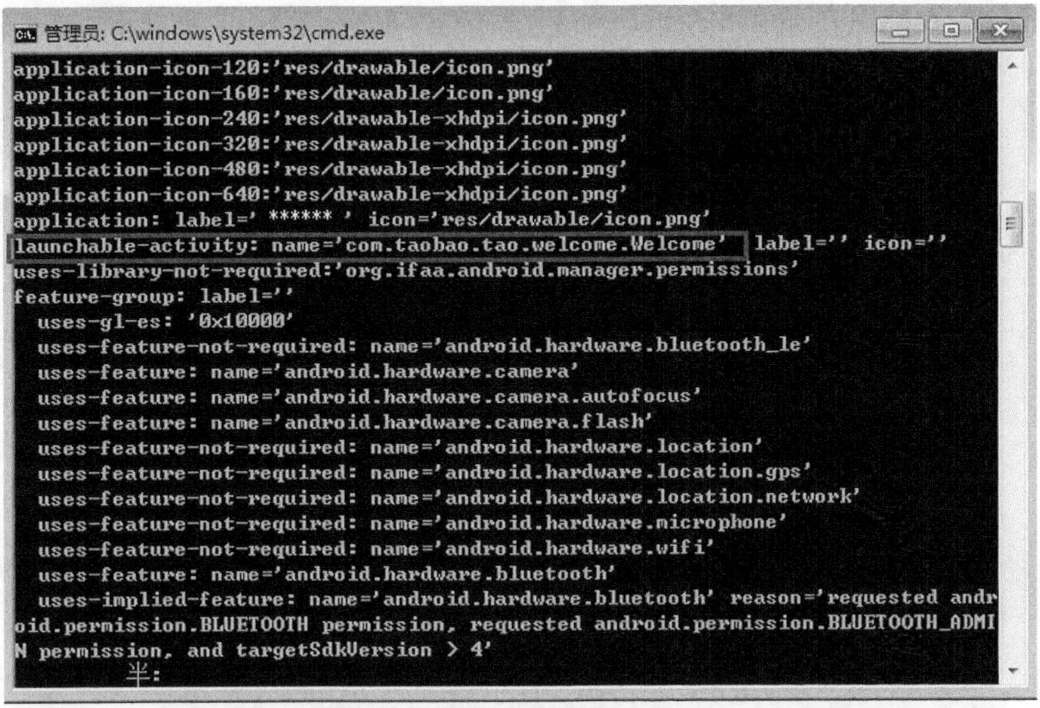

图 4-27 淘宝的 launchable-activity 值

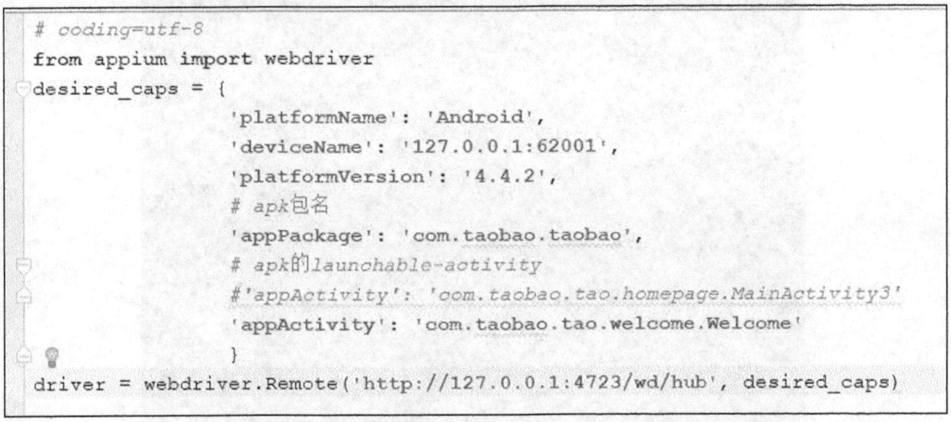

```
# coding=utf-8
from appium import webdriver
desired_caps = {
                'platformName': 'Android',
                'deviceName': '127.0.0.1:62001',
                'platformVersion': '4.4.2',
                # apk包名
                'appPackage': 'com.taobao.taobao',
                # apk的launchable-activity
                #'appActivity': 'com.taobao.tao.homepage.MainActivity3',
                'appActivity': 'com.taobao.tao.welcome.Welcome'
                }
driver = webdriver.Remote('http://127.0.0.1:4723/wd/hub', desired_caps)
```

图 4-28 脚本

5. 运行 Appium

对于所有输入框，保持默认状态，单击 Start Server v1.8.0 按钮，启动 Appium，如图 4-29 所示。

图 4-29 启动 Appium

成功启动 Appium 后的界面如图 4-30 所示。

图 4-30 成功启动 Appium 后的界面

如果出现图 4-31 所示消息,表示模拟器已经连接。

4.1 搭建 Appium 环境

图 4-31 模拟器已经连接

把手机淘宝软件安装到模拟器中，通过 PyCharm 运行脚本。
手机淘宝软件可以运行，如图 4-32 所示。

图 4-32 手机淘宝软件运行成功

最终代码如下。

```
# coding=utf-8
from appium import webdriver
desired_caps = {
            'platformName': 'Android',
            'deviceName': '127.0.0.1:62001',
```

```
                'platformVersion': '4.4.2',
                # APK 包名
                'appPackage': 'com.taobao.taobao',
                # APK 的 launcherActivity
                'appActivity': 'com.taobao.tao.welcome.Welcome'
                }
driver = webdriver.Remote('http://127.0.0.1:4723/wd/hub', desired_caps)
```

4.1.13 Desired Capabilities

Desired Capabilities

Appium 的 Desired Capabilities 是由键和值组成的 JSON 对象，如下面的示例代码所示。

```
{
    "platformName": "iOS",
    "platformVersion": "11.0",
    "deviceName": "iPhone 7",
    "automationName": "XCUITest",
    "app": "/path/to/my.app"
}
```

Desired Capabilities 的基本参数如表 4-1 所示。

表 4-1　Desired Capabilities 的基本参数

参数	描述	值
automationName	自动化测试引擎	Appium 或 Selendroid
platformName	手机操作系统	iOS、Android 或 FirefoxOS
platformVersion	手机操作系统版本	如 Android 5.1，iOS 9.0
deviceName	手机或模拟器设备名称	iPhone Simulator、iPad Simulator 等
app	.ipa、apk 文件路径	/abs/path/to/my.apk 或 http://myapp.com/app.ipa
browserName	启动手机浏览器	适用于 iOS 的 Safari，适用于 Android 的 Chrome、Chromium、Browser
newCommandTimeout	设置命令超时时间，单位为秒	如 60
autoLaunch	Appium 是否需要自动安装和启动应用。默认值为 true	true、false
language	设定模拟器/仿真器（simulator/emulator）的语言（仅用于模拟器/仿真器）	如 fr

续表

参 数	描 述	值
locale	设定模拟器/仿真器的区域设置（仅用于模拟器/仿真器）	如 fr_CA
udid	iOS 真机的唯一设备标识	如 1ae203187fc012g
orientation	设置横屏或竖屏	LANDSCAPE（横向）或 PORTRAIT（纵向）
autoWebview	直接转换到 WebView 上下文。默认值为 false	true、false
noReset	不要在会话前重置应用状态。默认值为 false	true、false
fullReset	对于 iOS，表示删除整个模拟器目录。对于 Android 系统，表示该项的默认值为 false	true、false

Android 系统特有的参数如表 4-2 所示。

表 4-2 Android 系统特有的参数

关 键 字	描 述	值
appActivity	启动 APP 包，一般以"."开头	.MainActivity、.Settings
appPackage	Android 应用的包名	com.example.android.myApp
appWaitActivity	等待启动的 Activity 名称	SplashActivity
deviceReadyTimeout	设置超时时间，单位为秒	5
androidCoverage	用于执行测试的 instrumentation 类	com.my.Pkg/com.my.Pkg.instrumentation.MyInstrumentation
enablePerformanceLogging	（仅适用于 Chrome 和 WebView）开启 ChromeDriver 的性能日志。默认值为 false	true、false
androidDeviceReadyTimeout	等待设备在启动应用后准备就绪的超时时间，单位为秒	如 30
androidDeviceSocket	开发工具的 Socket 名称。ChromeDriver 把它作为开发者工具来进行连接	如 chrome_devtools_remote
avd	需要启动的 AVD（Android 模拟器设备）名称	如 api19
avdLaunchTimeout	以毫秒为单位，等待 AVD 启动并连接到 ADB 的超时时间。默认值为 120000	如 300000
avdReadyTimeout	以毫秒为单位，等待 AVD 完成启动动画的超时时间。默认值为 120000	如 300000
avdArgs	启动 AVD 时需要加入的额外的参数	如 -netfast
useKeystore	使用一个自定义的 Keystore 来对 APK 进行重签名。默认值为 false	true、false

续表

关键字	描述	值
keystorePath	自定义 Keystore 路径。默认值为 ~/.android/debug.keystore	如 /path/to.keystore
keystorePassword	自定义 Keystore 的密码	如 foo
keyAlias	key 的别名	如 androiddebugkey
keyPassword	key 的密码	如 foo
chromedriverExecutable	WebDriver 可执行文件的绝对路径（应该用它代替 Appium 自带的 WebDriver）	/abs/path/to/webdriver
autoWebviewTimeout	以毫秒为单位，WebView 上下文激活的时间。默认值为 2000	如 4
intentAction	用于启动 Activity 的 intent action。默认值为 android.intent.action.MAIN	如 android.intent.action.MAIN、android.intent.action.VIEW
intentCategory	用于启动 Activity 的 intent category。默认值为 android.intent.category.LAUNCHER	如 android.intent.category.LAUNCHER、android.intent.category.APP_CONTACTS
intentFlags	用于启动 Activity 的标识。默认值为 0x10200000	如 0x10200000
optionalIntentArguments	用于启动 Activity 的额外 intent 参数	如 --esn <EXTRA_KEY>、--ez <EXTRA_KEY> <EXTRA_BOOLEAN_VALUE>
dontStopAppOnReset	在使用 adb 启动应用时不要停止被测应用的进程。默认值为 false	true、false
unicodeKeyboard	使用 Unicode 输入法。默认值为 false	true、false
resetKeyboard	重置输入法到原有状态，默认值为 false	true、false
noSign	跳过检查和对应用进行 Debug 签名的步骤。默认值为 false	true、false
ignoreUnimportantViews	调用 uiautomator 函数的这个关键字能加快测试执行的速度。默认值为 false	true、false
disableAndroidWatchers	关闭 Android 并用于监听程序异常的监听器。默认值为 false	true、false
chromeOptions	允许传入 ChromeDriver 使用的 chromeOptions 参数	chromeOptions: {args: ['--disable-popup-blocking']}

iOS 特有的参数如表 4-3 所示。

表 4-3 iOS 特有的参数

关键字	描述	值
calendarFormat	为 iOS 的模拟器设置日历格式（仅用于模拟器）	如 gregorian（公历）
bundleId	被测应用的 bundle ID，真机上执行测试时，可以不提供 APP 关键字，但必须提供 udid	如 io.Appium.TestApp
udid	连接真机的唯一设备编号	如 1ae203187fc012g

续表

关 键 字	描 述	值
launchTimeout	以毫秒为单位,在 Appium 运行失败之前设置一个等待 instruments 的时间	如 20000
locationServicesEnabled	强制打开或关闭定位服务。默认值是保持当前模拟器的设定(仅用于模拟器)	true、false
locationServicesAuthorized	在使用这个关键字时,同时需要使用 bundleId 关键字来发送应用的 bundle ID	true、false
autoAcceptAlerts	自动确认所有 iOS 弹出提示,这包括隐私访问提醒,如访问位置、联系人、图片。默认值为 false	true、false
autoDismissAlerts	自动取消所有 iOS 弹出提示。这包括隐私访问提醒,如访问位置、联系人、图片。默认值为 false	true、false
nativeInstrumentsLib	使用原生 intruments 库(即关闭 instruments-without-delay)	true、false
nativeWebTap	在 Safari 中允许"使用非 JavaScript 实现的 Web 单击操作",默认值为 false。注意,根据 viewport 的大小/比例,单击操作不一定能精确地选中对应的元素	true、false
safariInitialUrl	Safari 的初始地址。默认值是一个本地的欢迎页面(仅用于模拟器)	如 https://www.github.com
safariAllowPopups	允许 JavaScript 在 Safari 中创建新窗口。默认保持模拟器当前设置(仅用于模拟器)	true、false
safariIgnoreFraudWarning	阻止 Safari 显示此网站可能存在风险的警告。默认保持浏览器当前设置(仅用于模拟器)	true、false
safariOpenLinksInBackground	表示 Safari 是否允许链接在新窗口打开。默认保持浏览器当前设置(仅用于模拟器)	true、false
keepKeyChains	当 Appium 会话开始/结束时是否保留密码存放记录[库(Library)/钥匙串(Keychains)],仅用于模拟器	true、false
localizableStringsDir	从哪里查找本地化字符串。默认值为 en.lproj	en.lproj
processArguments	通过 instruments 传递到 AUT 的参数	如 -myflag
interKeyDelay	以毫秒为单位,按下每一个按键之间的延迟时间	如 100
showIOSLog	是否在 Appium 的日志中显示设备的日志。默认值为 false	true、false
sendKeyStrategy	输入文字到文字框的策略。模拟器默认值为 oneByOne(一个接着一个)。真实设备默认值为 grouped(分组输入)	oneByOne、grouped 或 setValue
screenshotWaitTimeout	以秒为单位,生成屏幕截图的最长等待时间。默认值为 10	如 5
waitForAppScript	用于判断"应用是否启动"的 iOS 自动化脚本代码。默认情况下,系统等待直到页面内容非空。结果必须是布尔类型	例如 `'true;'`, `'target.elements(). length>0;'`, `'$.delay(5000); true;'`

4.2 定位元素

4.2.1 使用 Appium Inspector 定位元素

Appium Inspector 是 Appium 自带的一个元素定位工具。使用 Appium Inspector 定位元素的步骤如下。

(1) 启动 Appium Desktop,选择 Simple 模式,如图 4-33 所示。

(2) 单击 Start Inspector Session 按钮和放大镜图标,如图 4-34 所示。

图 4-33　启动 Appium Desktop 并
选择 Simple 模式

图 4-34　单击 Start Inspector Session
按钮和放大镜图标

(3) 在之后弹出的界面中,选择 Automatic Server 选项卡,配置 Desired Capabilities 信息。注意,可以直接单击左边 Desired Capabilities 选项卡下面的 " + " 或 按钮配置 Desired Capabilities 信息。也可以直接把 Desired Capabilities 生成的 JSON 直接复制到右侧的 JSON Representation 框中并保存。两种方法的效果是一样的。

(4) 单击 JSON Representation 框右下角的 Start Session 按钮,稍等几分钟(这个时间可能会稍长),结果如图 4-35 所示。

4.2 定位元素

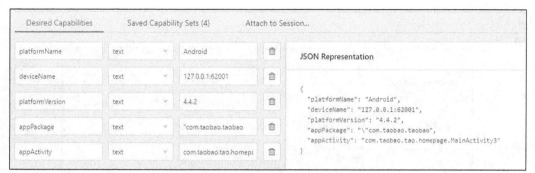

图 4-35 结果（属性可以复制）

（5）成功启动的界面如图 4-36 所示。在左侧显示区域移动鼠标指针，可以看到选中区域元素的属性，如 text、class、resource-id 等，单击屏幕上方的刷新按钮，可以刷新屏幕。

图 4-36 成功启动的界面

4.2.2 使用 UI Automator Viewer 定位元素

UI Automator Viewer 是 Android SDK 自带的一个元素定位工具，非常简单易用。使用 UI Automator Viewer，可以检查一个应用的 UI 来查看应用的布局、组件及相关的属性。

1. 启动 UI Automator Viewer

打开目录 D:\androidsdk\android-sdk-windows\tools，找到 uiautomatorviewer.bat，如

图 4-37 所示。

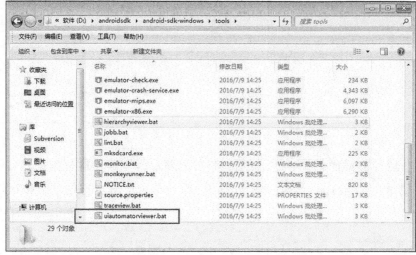

图 4-37　找到 uiautomatorviewer.bat

双击 uiautomatorviewer.bat，启动 UI Automator Viewer，成功启动后的界面如图 4-38 所示。

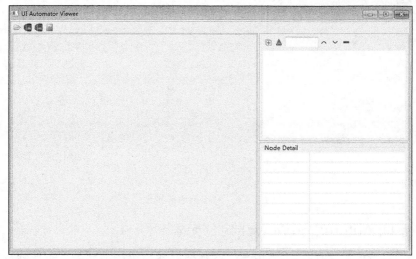

图 4-38　UI Automator Viewer 成功启动后的界面

2．连接模拟器

连接模拟器的步骤如下。

（1）在命令行窗口中输入 adb devices，确认手机已连上。

（2）打开手机淘宝页面，让屏幕处于明亮的状态。

（3）单击左上角的 Devices Screenshot 按钮刷新页面，如图 4-39 所示。

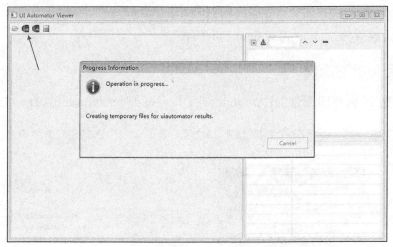

图 4-39　单击 Devices Screenshot 按钮刷新页面

3. 定位元素

移动鼠标指针到需要定位的元素（如搜索框）上，如图 4-40 所示。

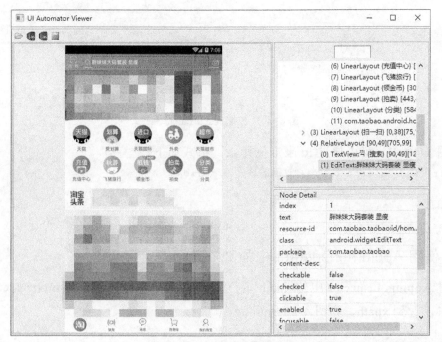

图 4-40　定位到搜索框上

在右下角可以看到元素对应的属性。

- text 设置为"胖妹妹大码套装 显瘦"。
- resource-id 设置为"com.taobao.taobao:id/home_searchedit"。
- class 设置为"android.widget.EditText"。

4.2.3 使用 id 定位元素

Appium 的 id 属性即通过 UI Automator 工具查看的 resource-id 属性，如图 4-41 所示。

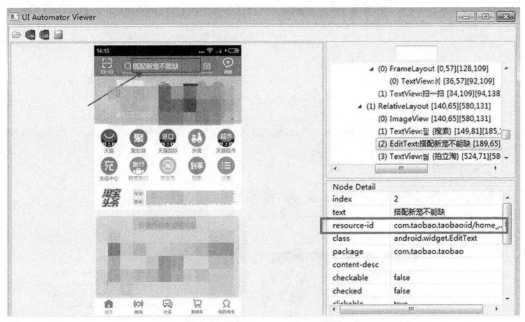

图 4-41 查看 resource-id 属性

在图 4-40 中，可以通过 id 来定位元素。格式如下。

```
driver.find_element_by_id("这里是 resource-id")
```

例如：

```
driver.find_element_by_id("com.taobao.taobao:id/home_searchedit")
```

4.2.4 使用 Appium Inspector 中的 xpath 定位元素

通过 Appium Inspector 中的 xpath 定位元素非常简单。打开 Appium Inspector，选中一项就可以看到 xpath，如图 4-42 所示。

4.2 定位元素

图 4-42 查看 xpath

格式如下。

```
driver.find_element_by_xpath("这里是 xpath")
```

4.2.5 使用 id 和 text 定位元素

可以通过 id 与 text（即 name）属性的组合定位元素。

查看 id 和 text，如图 4-43 所示。

（a）

图 4-43 查看 id 和 text

177

(b)

图 4-43 查看 id 和 text（续）

格式如下。

```
id_text = 'resourceId("这里是 id").text("这里是 name")'
driver.find_element_by_android_uiautomator(id_text).click()
```

例如：

```
id_text = 'resourceId("com.taobao.taobao:id/tv_top_desc").text("基因突变＊＊＊")'
driver.find_element_by_android_uiautomator(id_text).click()
```

4.2.6 使用 List 定位元素

有时候页面上没有 id 属性，并且其他属性不唯一，常用的定位方法是 find_element 系列的方法。若元素属性不唯一，则采用这种方法就无法直接定位元素了。这时可以采用 find_elements 系列的方法，即先定位一组元素，再通过下标取出元素，这样也可以定位到元素。

以 find_element 开头的定位方法如图 4-44 所示。

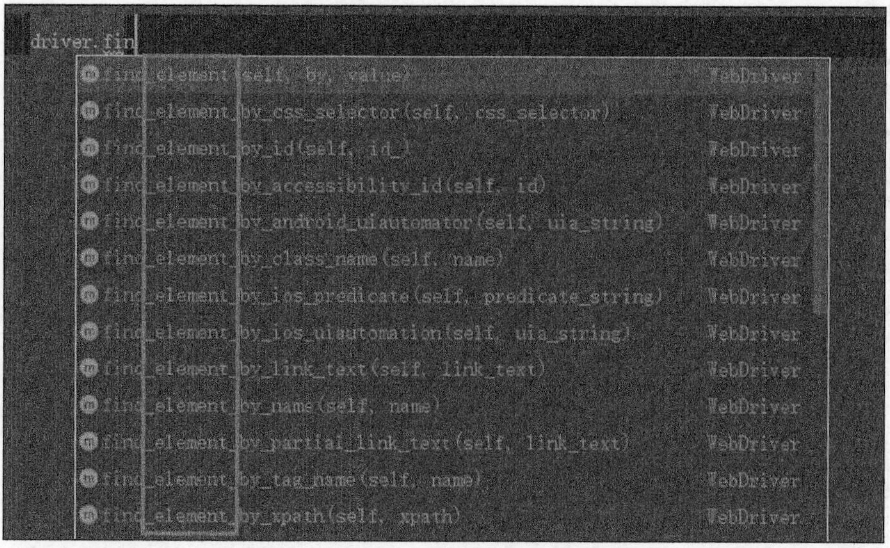

4.2 定位元素

图 4-44 以 find_element 开头的定位方法

以 find_elements 开头的定位方法如图 4-45 所示。

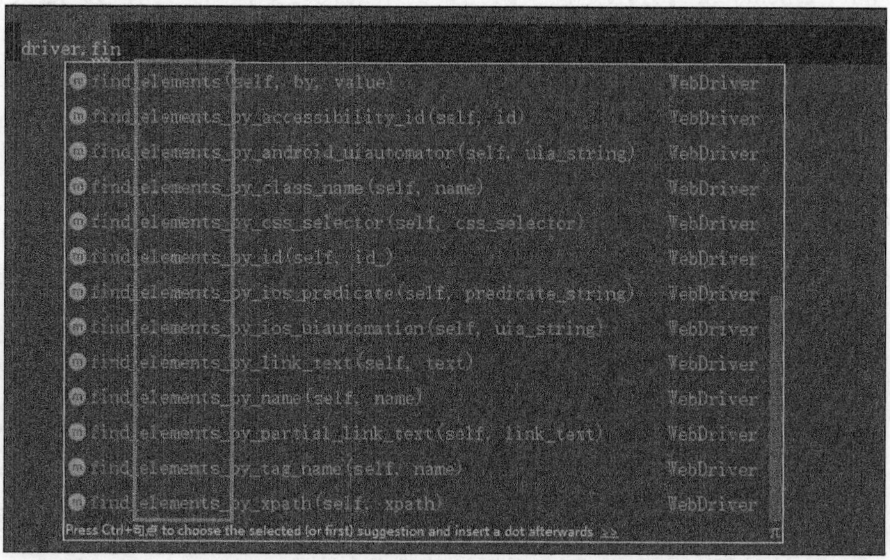

图 4-45 以 find_elements 开头的定位方法

下面对比 find_element 系列方法和 find_elements 系列方法的区别。用 find_element 系列方法定位一组元素的示例代码如图 4-46 所示。

第 4 章　Appium 开发

```
# coding:utf-8
import ...
desired_caps = {
                'platformName': 'Android',
                'deviceName': '127.0.0.1:62001',
                'platformVersion': '4.4.2',
                'appPackage': 'com.taobao.taobao',
                'appActivity': 'com.taobao.tao.homepage.MainActivity3',
                'noReset': 'true',
                'resetKeyboard': 'true',
                'unicodeKeyboard': 'true'
                }
driver = webdriver.Remote('http://127.0.0.1:4723/wd/hub', desired_caps)
#单击"搜索"
#单击我的icon
driver.find_element_by_id("com.taobao.taobao:id/home_searchedit").click()
#获取text
t1 = driver.find_element_by_id("com.taobao.taobao:id/searchEdit").text
print(t1)
#获取tag_name
t2 = driver.find_element_by_id("com.taobao.taobao:id/searchEdit").tag_name
print(t2)
driver.find_element_by_id("com.taobao.taobao:id/searchEdit").send_keys("真维斯")
sleep(2)
driver.find_element_by_id("com.taobao.taobao:id/searchbtn").click()
sleep(2)
```

图 4-46　用 find_element 系列方法定位一组元素的示例代码

用 find_elements 系列方法定位一组元素的示例代码如图 4-47 所示。这类方法返回的是 list 对象。

```
searchs = driver.find_elements_by_id("android.widget.ImageView")
print(searchs)
print(type(searchs))
```

图 4-47　用 find_elements 系列方法定位一组元素的示例代码

图 4-47 中代码的运行结果如图 4-48 所示。

```
[]
<class 'list'>
```

图 4-48　运行结果

定位一组元素之后，如果要单击该元素，那么先从列表中通过下标取出元素对象，再调用 click() 方法就可以了。注意，下标是从 0 开始的。

例如，图 4-49 所示代码表示取列表中下标为 3 的对象。

```
driver.find_elements_by_class_name("android.widget.ImageView")[3].click()
```

图 4-49　取列表中下标为 3 的对象

4.3 Appium 常用操作

4.3.1 等待元素出现

按照时间等待元素出现的代码如下。

```python
from time import sleep
sleep(1)
```

wait_activity 方法如图 4-50 所示。

```python
# coding=utf-8
import ...
desired_caps = {
                'platformName': 'Android',
                'deviceName': '127.0.0.1:62001',
                'platformVersion': '4.4.2',
                # apk包名
                'appPackage': 'com.taobao.taobao',
                # apk的launcherActivity
                'appActivity': 'com.taobao.tao.welcome.Welcome'
                #'appActivity': 'com.taobao.tao.homepage.MainActivity3'
                }
driver = webdriver.Remote('http://127.0.0.1:4723/wd/hub', desired_caps)
# 获取当前界面activity
ac = driver.current_activity
print(ac)
driver.find_element_by_name('同意').click()
# 在30s内等待主页面activity出现
driver.wait_activity("com.taobao.tao.homepage.MainActivity3", 30)
# 单击淘宝搜索框
driver.find_element_by_id("com.taobao.taobao:id/home_searchedit").click()
```

图 4-50 wait_activity 方法

4.3.2 toast 元素的定位

首先认识一下 toast 元素的外观，如图 4-51 所示，弹出来的消息"再按一次返回键退出手机淘宝"就是 toast 元素。

图 4-51 toast 元素

要定位 toast 元素，automationName 的参数必须是 Uiautomator2（即'automationName': 'Uiautomator2'）。具体代码如图 4-52 所示。

```python
# coding=utf-8
from appium import webdriver
from selenium.webdriver.support.ui import WebDriverWait
from selenium.webdriver.support import expected_conditions as EC
from time import sleep
desired_caps = {
                'platformName': 'Android',
                'deviceName': '127.0.0.1:5555',
                'platformVersion': '5.1.1',
                # apk包名
                'appPackage': 'com.taobao.taobao',
                # apk的launcherActivity
                'appActivity': 'com.taobao.tao.welcome.Welcome'
                #'appActivity': 'com.taobao.tao.homepage.MainActivity3'
                }
driver = webdriver.Remote('http://127.0.0.1:4723/wd/hub', desired_caps)
# 获取当前界面activity
ac = driver.current_activity
print(ac)
driver.find_element_by_name('同意').click()
#在30s内等待主页面activity出现
driver.wait_activity("com.taobao.tao.homepage.MainActivity3", 100)
driver.back()  # 返回
# 定位toast元素
toast_loc = ("xpath", ".//*[contains(@text,'再按一次返回键退出手机淘宝')]")
t = WebDriverWait(driver, 10, 0.1).until(EC.presence_of_element_located(toast_loc))
print(t)
```

图 4-52 定位 toast 元素的代码

如果在输出结果中出现图 4-53 所示的消息，则说明定位到 toast 元素了。

```
<appium.webdriver.webelement.WebElement (session="02813cce-9aaf-4754-a532-07ef7aebeb88", element="339f72c4-d2e0-4d98-8db0-69be741a3d1b")>
```

图 4-53 定位到 toast 元素的消息

4.3.3　Appium 屏幕截图

保存屏幕截图有下面两种方法。

- save_screenshot()：直接保存当前屏幕截图到当前脚本所在文件位置，如下面的代码所示。

```
driver.save_screenshot('pic.png')
```

- get_screenshot_as_file(self, filename)：将截图保存到指定文件路径，如下面的代码所示。

```
driver.get_screenshot_as_file('./file1/pic.png')
```

4.3.4 WebView 定位

1. 识别 WebView

要识别 WebView，具体步骤如下。

（1）用定位工具查看页面，发现页面上的有些区域无法定位到，在图 4-54 左边区域，只能定位到这个大框，框线里面的元素是无法识别的。

（2）查看元素属性，如 class 属性，若显示 WebView，那么毫无疑问这种页面就是 WebView 了，如图 4-54 右侧所示。

图 4-54　定位页面

2. 上下文

在 Selenium 中，可以认为上下文（context）是句柄（handle）。

先获取的页面是上下文，如图 4-55 中方框所示，这里获取的是一个列表。

当在输出结果中看到 NATIVE_APP（这个是原生的应用）和 WEBVIEW_com.xxxx（这个是 WebView）时，就说明获取了 WebView 的上下文。当然，有的 APP 中行不通，可能明明有 WebView，却无法通过 contexts 获取，这时需要特殊处理。

第4章 Appium 开发

```python
# coding:utf-8
from appium import webdriver
import time
desired_caps = {'platformName': 'Android',
                'deviceName': '30d4e606',
                'platformVersion': '6.0',
                'appPackage': 'com.baidu.yuedu',
                'appActivity': 'com.baidu.yuedu.splash.SplashActivity'}
driver = webdriver.Remote('http://127.0.0.1:4723/wd/hub', desired_caps)
time.sleep(30)
# 单击"图书"选项
driver.find_element_by_id("com.baidu.yuedu:id/righttitle").click()
time.sleep(3)
# 切换到图书界面后获取所有的上下文
print driver.contexts
```

```
D:\soft\python2.7\python.exe D:/debug/t1.py
[u'NATIVE_APP', u'WEBVIEW_com.baidu.yuedu']

Process finished with exit code 0
```

图 4-55 通过代码获取的上下文是一个列表

3. 切换到 WebView

要操作 WebView 上的元素，首先需要切换环境（与 Selenium 中切换 iframe、切换句柄的思路一样）。

切换方法是使用 switch_to.context（参数是 WebView 的 Context），由于 contexts 是一个列表对象，因此获取这个列表的第 2 个参数即可，也就是 contexts[1]，如图 4-56 所示。

```python
# 切换到图书界面后获取所有的上下文
contexts = driver.contexts
print contexts

# 切换到WebView
driver.switch_to.context(contexts[1])
# 获取当前的上下文，看是否切换成功
now = driver.current_context
print now
```

```
D:\soft\python2.7\python.exe D:/debug/t1.py
[u'NATIVE_APP', u'WEBVIEW_com.baidu.yuedu']
WEBVIEW_com.baidu.yuedu

Process finished with exit code 0
```

图 4-56 通过 contexts[1]获取列表的第 2 个参数

4. 切换回 Native

在 WebView 上操作完后，要切换回 Native，如图 4-57 所示。要切换回 Native，有两种方法。

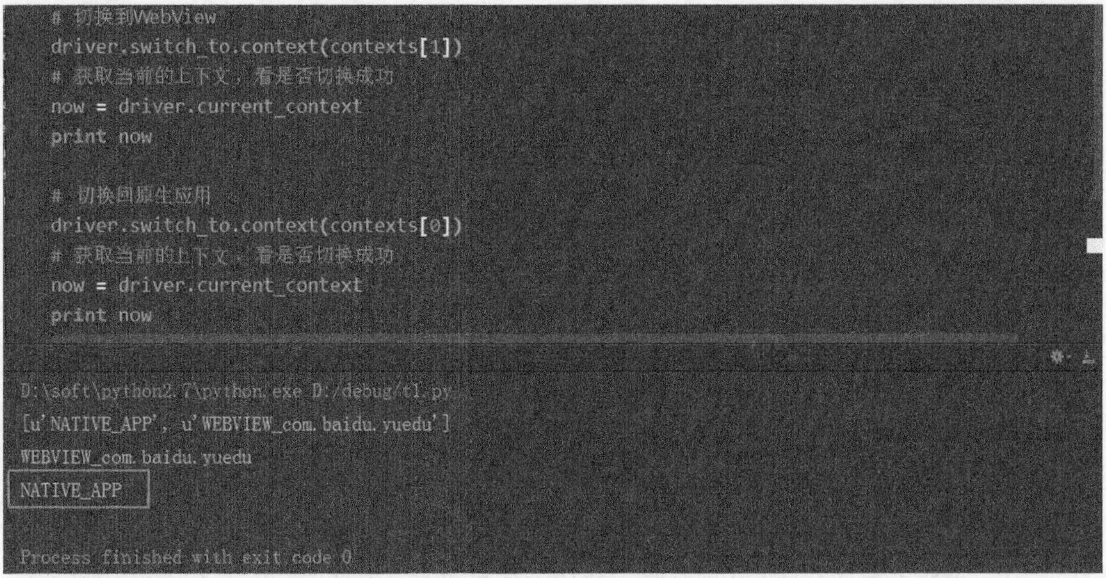

图 4-57　切换回原生应用

方法一：使用下面的代码。

```
driver.switch_to.context("NATIVE_APP")    # 这个 NATIVE_APP 是固定的参数
```

方法二：使用下面的代码。

```
driver.switch_to.context(contexts[0])    # 从 contexts 中获取第 1 个参数
```

5. 参考代码

参考代码如下。

```
# coding:utf-8
from Appium import webdriver
import time
desired_caps = {'platformName': 'Android',
                'deviceName': '30d4e606',
                'platformVersion': '6.0',
                'appPackage': 'com.baidu.yuedu',
                'appActivity': 'com.baidu.yuedu.splash.SplashActivity'}
driver = webdriver.Remote('http://127.0.0.1:4723/wd/hub', desired_caps)
```

```
time.sleep(30)
# 单击"图书"选项
driver.find_element_by_id("com.baidu.yuedu:id/righttitle").click()
time.sleep(3)
# 切换到图书界面后获取所有的上下文
contexts = driver.contexts
print contexts

# 切换到 WebView
driver.switch_to.context(contexts[1])
# 获取当前的上下文，看是否切换成功
now = driver.current_context
print now

# 切换回原生应用
driver.switch_to.context(contexts[0])
# driver.switch_to.context("NATIVE_APP")  # 这也是可以的
# 获取当前的上下文，看是否切换成功
now = driver.current_context
print now
```

4.3.5　swipe 方法

swipe 方法有 5 个参数，分别是起点和终点的横坐标、纵坐标，以及 duration。duration 表示持续滑动屏幕的时间（时间越短，速度越快）。duration 默认为 None（可不填），一般设置为 500～1000ms 比较合适。

swipe 方法如图 4-58 所示。

```
swipe(self, start_x, start_y, end_x, end_y, duration=None)
    Swipe from one point to another point, for an optional duration.
    从一个点滑动到另外一个点，duration是持续时间

    :Args:
     - start_x - 开始滑动点的x坐标
     - start_y - 开始滑动点的y坐标
     - end_x - 结束点的x坐标
     - end_y - 结束点的y坐标
     - duration - 持续时间，单位是毫秒

    :Usage:
     driver.swipe(100, 100, 100, 400)
```

图 4-58　swipe 方法

手机屏幕左上角的坐标为（0,0），以此为原点，横着的轴是 x 轴，竖着的轴是 y 轴，如图 4-59 所示。

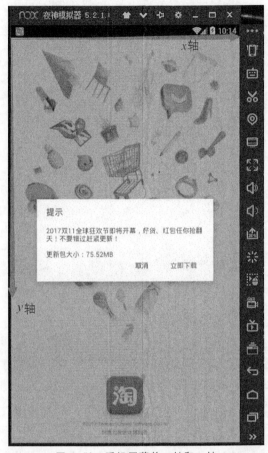

图 4-59　手机屏幕的 x 轴和 y 轴

因为每个手机屏幕的分辨率不一样，所以同一个元素在不同手机上的坐标也是不一样的，编程的时候坐标不能设置为固定值。可以先获取手机屏幕的宽和高，再通过比例去计算。具体代码如下。

```
#coding:utf-8
from appium import webdriver
desired_caps = {
            'platformName': 'Android',
            'deviceName': '30d4e606',
            'platformVersion': '4.4.2',
            # apk 包名
            'appPackage': 'com.taobao.taobao',
```

```
                        # apk的launcherActivity
                        'appActivity': 'com.taobao.tao.welcome.Welcome'
                        }
driver = webdriver.Remote('http://127.0.0.1:4723/wd/hub', desired_caps)

#获取屏幕的大小
size = driver.get_window_size()
print(size)
#屏幕宽度
print(size['width'])
#屏幕高度
print(size['height'])
```

运行结果如下。

```
{u'width': 720, u'height': 1280}
720
1280
```

封装 swipe 方法，具体代码如下。

```
#coding:utf-8
from appium import webdriver
from time import sleep
desired_caps = {
                'platformName': 'Android',
                'deviceName': '30d4e606',
                'platformVersion': '4.4.2',
                #apk包名
                'appPackage': 'com.taobao.taobao',
                #apk的launcherActivity
                'appActivity': 'com.taobao.tao.welcome.Welcome'
                }
driver = webdriver.Remote('http://127.0.0.1:4723/wd/hub', desired_caps)


def swipeUp(driver, t=500, n=1):
    '''向上滑动屏幕'''
    l = driver.get_window_size()
    x1 = l['width'] * 0.5          #起点和终点的x坐标
    y1 = l['height'] * 0.75        #起点的y坐标
    y2 = l['height'] * 0.25        #终点的y坐标
    for i in range (n):
        driver.swipe(x1, y1, x1, y2, t)
```

```python
def swipeDown (driver, t=500, n=1):
    '''向下滑动屏幕'''
    l = driver.get_window_size()
    x1 = l['width'] * 0.5         #起点和终点的 x 坐标
    y1 = l['height'] * 0.25       #起点的 y 坐标
    y2 = l['height'] * 0.75       #终点的 y 坐标
    for i in range (n):
        driver.swipe (x1, y1, x1, y2, t)

def swipLeft (driver, t=500, n=1):
    '''向左滑动屏幕'''
    l = driver.get_window_size()
    x1 = l['width'] * 0.75
    y1 = l['height'] * 0.5
    x2 = l['width'] * 0.25
    for i in range (n):
        driver.swipe (x1, y1, x2, y1, t)

def swipRight (driver, t=500, n=1):
    '''向右滑动屏幕'''
    l = driver.get_window_size()
    x1 = l['width'] * 0.25
    y1 = l['height'] * 0.5
    x2 = l['width'] * 0.75
    for i in range (n):
        driver.swipe (x1, y1, x2, y1, t)

if __name__ == "__main__":
    print (driver.get_window_size())
    sleep (5)
    swipLeft (driver, n=2)
    sleep (2)
    swipRight (driver, n=2)
```

4.3.6 手势定位

为了定位元素所在位置的坐标，可以使用 tap 方法。

tap 方法用于模拟手指单击。一般在页面上用 tap 方法定位元素需要两个参数。第一个是 positions，如果是列表类型的，则最多有 5 个点；第二个是 duration，表示持续时间，单位是毫秒。

```
tap (self, positions, duration=None):
    Taps on an partioular place with up to five fingers, holding for a certain time
```

模拟手指单击（最多 5 个手指），可设置按住时间长度（毫秒）
:Args:
- positions - 列表类型，里面的对象是元组，最多有 5 个点，如[(100, 20), (100, 60)]表示两个点
- duration - 持续时间，单位是毫秒，如 500
:Usage:
driver.tap([(100, 20), (100, 60), (100, 100)], 500)

如图 4-60 所示，要定位"外卖"选项的坐标，可以查看右侧 bounds 属性——[553,438][699,553]。

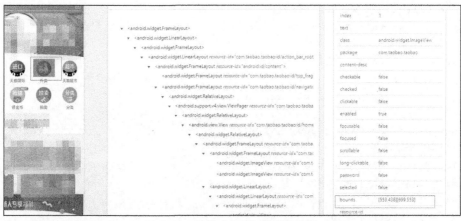

图 4-60　定位"外卖"选项的坐标

示例代码如图 4-61 所示。

```
# coding=utf-8
from appium import webdriver
from time import sleep
desired_caps = {
              'platformName': 'Android',
              'deviceName': '127.0.0.1:5555',
              'platformVersion': '5.1',
              # apk包名
              'appPackage': 'com.taobao.taobao',
              # apk的launcherActivity
              'appActivity': 'com.taobao.tao.homepage.MainActivity3'
              }
driver = webdriver.Remote('http://127.0.0.1:4723/wd/hub', desired_caps)
sleep(5)
# 点外卖去看看
driver.tap([[(553,438), (699,553)], 500)
```

图 4-61　示例代码

4.4 yaml

4.4.1 yaml 支持的数据类型

yaml 包的安装命令是 pip install pyyaml。

yaml（Yet Another Markup Language，另一种标记语言）是专门用来编写配置文件的语言，非常简洁且功能强大，使用起来更直观、方便，类似于 JSON 格式。

yaml 的基本语法规则如下。

- 区分大小写。
- 使用缩进表示层级关系。
- 在缩进时不允许使用 Tab 键，只允许使用空格。
- 缩进的空格数目不重要，只要相同层级的元素左对齐即可。
- #表示注释，从这个字符一直到行尾，都会被解析器忽略，这和 Python 的注释一样。

yaml 支持的数据结构有以下 3 种。

- 对象：键值对的集合，又称为映射（mapping）、哈希（hash）、字典（dictionary）。
- 数组：一组按次序排列的值，又称为序列（sequence）/列表（list）。
- 标量（scalar）：单个不可再分的值，如字符串、布尔值、整数、浮点数、Null、时间、日期。

yaml 中的键值对类似于 Python 中的字典类型。对于 Python 中的字典类型，用 yaml 如何实现呢？例如，在 Python 中字典类型的定义如下。

```
#Python 3.6
{
"user": "admin",
"psw": "123456,
}
```

在 yaml 文件中可以这样写。

```
#yaml
user: admin
psw: 123456
```

另外，Python 中嵌套字典的定义如下。

```
#Python 3.6
"nb1": {
        "user": "admin",
        "psw": "123456,
        }
```

在 yaml 文件中可以这样写。

```
#yaml
nb1:
    user: admin
    psw: 123456
```

4.4.2 读取 yaml 数据

用 Python 读取 yaml 文件的示例如下。

先用 open 方法读取文件数据，再通过 load 方法转换成字典，这个 load 方法与 JSON 中的 load 是相似的，如图 4-62 所示。

```
# coding:utf-8
import yaml
import os

# 获取当前脚本所在路径
curPath = os.path.dirname(os.path.realpath(__file__))
# 获取yaml文件路径
yamlPath = os.path.join(curPath, "cfgyaml.yaml")

# 用open方法打开并直接读出来
f = open(yamlPath, 'r', encoding='utf-8')
cfg = f.read()
print(type(cfg))  # 读出来的是字符串
print(cfg)

d = yaml.load(cfg)  # 用load方法转换成字典
print(d)
print(type(d))
```

图 4-62 用 Python 读取 yaml 文件的示例代码

4.4.3 配置 yaml

通过 PageObject 模式定位元素的代码如下。

```
class HomePage:
    '''dec: 首页'''

    # name: 城市选择
    city_loc = ("id", "com.sankuai.meituan:id/city_button")

    # name: 首页搜索
    home_loc = ("id", "com.sankuai.meituan:id/search_edit")
```

要通过 yaml 管理定位方法，可以把定位方法放到 yaml 文件中。美团 APP 首页元素的定位方法如图 4-63 所示。

图 4-63　美团 APP 首页元素的定位方法

要遍历读取文件，步骤如下。

（1）把不同页面的元素对应的 yaml 文件放到同一个目录下，方便一次性读取，如图 4-64 所示。

图 4-64　把不同页面的元素对应的 yaml 文件放到同一个目录下

（2）在 yaml 中，通过 os.walk() 读取文件，如图 4-65 所示。

第 4 章 Appium 开发

```python
# coding:utf-8
import yaml
import os
# 当前脚本路径
basepath = os.path.dirname(os.path.realpath(__file__))
# yaml文件夹
yamlPagesPath = os.path.join(basepath, "pageelement")

def parseyaml():
    '''
    遍历读取yaml文件
    '''
    pageElements = {}
    # 遍历读取yaml文件
    for fpath, dirname, fnames in os.walk(yamlPagesPath):
        for name in fnames:
            # yaml文件绝对路径
            yaml_file_path = os.path.join(fpath, name)
            # 排除一些扩展名不是 .yaml的文件
            if ".yaml" in str(yaml_file_path):
                with open(yaml_file_path, 'r', encoding='utf-8') as f:
                    page = yaml.load(f)
                    pageElements.update(page)
    return pageElements

if __name__ == "__main__":
    a = parseyaml()
    print(a)
    for i in a["HomePage"]['locators']:
        print(i)
```

图 4-65 通过 os.walk() 读取文件

运行结果如图 4-66 所示。

```
D:\Programs\Python\Python37-32\python.exe D:/work/appium_project/jiatest/page/walk.py
{'HomePage': {'locators': [{'name': '城市选择', 'type': 'id', 'value': 'com.sankuai.meituan:id/city_button'}, {'name': '首
{'name': '城市选择', 'type': 'id', 'value': 'com.sankuai.meituan:id/city_button'}
{'name': '首页搜索', 'type': 'id', 'value': 'com.sankuai.meituan:id/search_edit'}

Process finished with exit code 0
```

图 4-66 运行结果

生成的 pages 文件的内容如图 4-67 所示。

4.4 yaml

```python
# -*- coding: utf-8 -*-

from page import tools

pages = tools.parseyaml()


def get_locater(clazz_name, method_name):
    locators = pages[clazz_name]['locators']
    for locator in locators:
        if locator['name'] == method_name:
            return locator


class HomePage:
    城市选择 = get_locater('HomePage', '城市选择')
    首页搜索 = get_locater('HomePage', '首页搜索')
```

图 4-67 生成的 pages 文件的内容

第 5 章　搭建 Appium 测试框架

在进行手机自动化测试的过程中，仅仅会使用 Appium 工具是不够的。在 UI 自动化测试中，没有测试框架的二次封装，会导致 UI 自动化用例编写效率极低，甚至造成 UI 自动化变得毫无意义。本章将把 Appium、Logging 模块、批处理、Jenkins 这些技术结合起来，构建一个符合企业实际需求的测试框架。

5.1 准备软件

本章涉及的软件如下：
- Appium 1.8.0；
- 夜神模拟器；
- Android SDK；
- Python 3.7+PyCharm；
- 考研帮 APP；
- Jenkins 软件。

5.2 框架整体说明

5.2.1 Appium 框架的组成

Appium 框架的组成如图 5-1 所示。

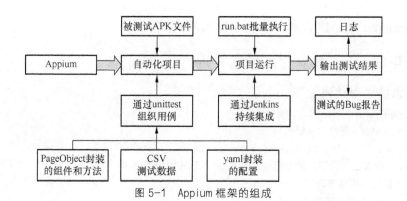

图 5-1　Appium 框架的组成

5.2.2　框架实现说明

本框架使用 Appium 工具定位界面元素，测试数据由 CSV 文件管理，使用 unittest 组织用例，使用 PageObject 方式对常用的组件和元素进行封装。通过读取 yaml 文件中的内容运行用例，把要执行的命令封装到 bat 文件中。通过持续集成的方式运行用例，输出运行日志和测试结果。

5.3　Logging 模块

5.3.1　日志的级别

在 Python 的 Logging 模块中，常用的日志输出级别如表 5-1 所示。

表 5-1　常用的日志输出级别

级别	何 时 使 用
DEBUG	调试信息，也是最详细的日志信息
INFO	证明事情按预期工作
WARNING	表明发生了一些意外，或者不久的将来会发生问题（如"磁盘满了"）。软件还在正常工作
ERROR	由于更严重的问题，软件已不能执行一些功能了
CRITICAL	严重错误，表明软件已不能继续运行了

5.3.2　Logging 模块的组成

Logging 模块包括 Logger 类、Handler 类、Filter 类、Formatter 类。

- Logger 类：用于设置日志采集的接口。
- Handler 类：将日志记录发送至合适的路径。
- Filter 类：提供更好的粒度控制机制，可以决定输出哪些日志记录。

- Formatter 类：指明最终输出中日志的格式。

5.3.3 使用 Logging 模块过滤输出日志

输出日志的实现代码如下。

```
import logging
#过滤后显示从 Info 开始的全部内容
#logging.basicConfig(level=logging.INFO)
#通过 level 设置过滤级别，过滤后显示从 ERROR 开始的全部内容
#通过默认采用追加模式方式
#通过 filename 设置日志文件名
#通过 format 设置文件格式
logging.basicConfig(level=logging.ERROR,filename="jwrunlog.log", format='%
(asctime)s %(filename)s[line:%(lineno)d] %(levelname)s %(message)s')
logging.debug('debug info')
logging.info('hello 51zxw！')
logging.warning('warning info')
logging.error('error info')
logging.critical('critical info')
```

5.4 PageObject 设计模式

5.4.1 PageObject 设计模式存在的问题及解决方案

PageObject 设计模式存在的问题如下。

- 公共模块和业务模块混合在一起，造成代码冗余。
- 测试场景单一（如果要实现如下测试场景该怎么办？如多账号登录、异常登录）。
- 元素定位方法、元素属性值和代码混杂在一起。

解决方案如下。

- 将一些公共的内容（如 check_updateBtn、check_skipBtn、capability）抽离出来。
- 将元素定位方法和元素属性值与业务代码分离。
- 将登录功能模块封装为一个独立的模块。
- 使用 unittest 进行用例综合管理。

5.4.2 基于 PageObject 设计模式封装架构

PageObject 设计模式的本质是利用面向对象的思想，在各个组件之间进行耦合，提高代码的可复用性。耦合后的 PageView 架构如图 5-2 所示。

5.5 实现框架

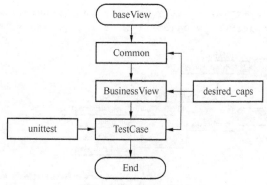

图 5-2 PageView 架构

关于该架构的说明如下。

- desired_caps（封装）：从 yaml 读取配置驱动函数，产生驱动。
- baseView：用来封装最常用的一些方法，如 find_element。
- Common：通常继承自 baseView。
- BusinsessView：表示业务类，如登录功能。
- unittest：单元测试用例（一个业务（如登录）会对应多条用例）。

5.5 实现框架

5.5.1 建立项目文件夹

下面介绍测试框架的实现。首先在 PyCharm 工具中建立项目文件夹及子文件夹，如图 5-3 所示。

5.5.2 在 base_view 下封装常用方法

在 baseView 包下新建 base_view.py。

```
class BaseView(object):
    def __init__(self,driver):
        self.driver=driver
    #查找单个元素
    def find_element(self,*loc):
        return self.driver.find_element(*loc)
    #查找多个元素
    def find_elements(self,*loc):
        return self.driver.find_elements(*loc)
    #获取屏幕尺寸
    def get_window_size(self):
        return self.driver.get_window_size()
    #封装滑动操作
```

```
def swipe(self,start_x, start_y, end_x, end_y, duration):
    return self.driver.swipe(start_x, start_y, end_x, end_y, duration)
```

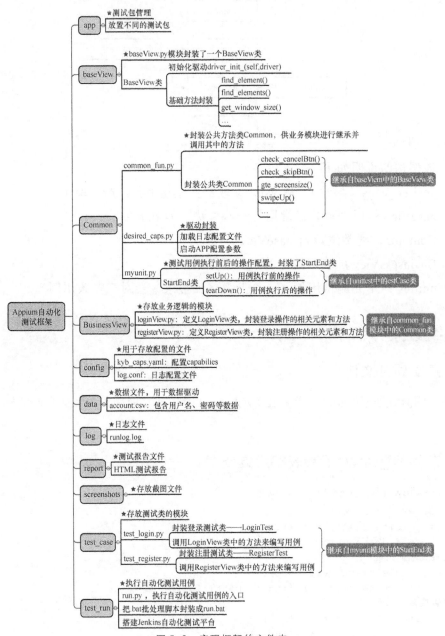

图 5-3　实现框架的文件夹

5.5.3　封装常用元素和业务逻辑

封装常用元素和业务逻辑（以登录功能为例）的代码如下。

```python
import logging
from common.desired_caps import Appium_desired
from common.common_fun import Common, By
from selenium.common.exceptions import NoSuchElementException

#继承了公共类
class LoginView(Common):
    #登录界面的元素
    #用户名
    username_type = (By.ID, 'com.tal.kaoyan:id/login_email_edittext')
    #密码
    password_type = (By.ID, 'com.tal.kaoyan:id/login_password_edittext')
    loginBtn = (By.ID, 'com.tal.kaoyan:id/login_login_btn')
    #个人中心的元素
    username = (By.ID, 'com.tal.kaoyan:id/activity_usercenter_username')
    button_myself = (By.ID, 'com.tal.kaoyan:id/mainactivity_button_mysefl')

    #个人中心下面的按钮
    commitBtn = (By.ID, 'com.tal.kaoyan:id/tip_commit')

    #退出操作的相关元素
    #单击"设置"按钮
    settingBtn = (By.ID, 'com.tal.kaoyan:id/myapptitle_RightButtonWraper')
    #单击"退出"按钮
    logoutBtn = (By.ID, 'com.tal.kaoyan:id/setting_logout_text')
    #单击"确认"按钮
    tip_commit = (By.ID, 'com.tal.kaoyan:id/tip_commit')

    def login_action(self, username, password):
        self.check_cancelBtn()
        self.check_skipBtn()

        logging.info('=============login_action==============')
        logging.info('username is:%s' % username)
        self.driver.find_element(*self.username_type).send_keys(username)

        logging.info('password is:%s' % password)
        self.driver.find_element(*self.password_type).send_keys(password)

        logging.info('click loginBtn')
        self.driver.find_element(*self.loginBtn).click()
        logging.info('login finished!')

    def check_account_alert(self):
        '''检测账户登录后是否有账号下线提示'''
        logging.info('====check_account_alert======')
        try:
            element = self.driver.find_element(*self.commitBtn)
```

```python
            except NoSuchElementException:
                pass
            else:
                logging.info('click commitBtn')
                element.click()

    #检查登录状态
    def check_loginStatus(self):
        logging.info('==========check_loginStatus==========')
        #关闭账号下线提示
        self.check_account_alert()
        #关闭广告
        self.check_market_ad()


        try:
            self.driver.find_element(*self.button_myself).click()
               #查找是否存在预期的用户名
            self.driver.find_element(*self.username)
        except NoSuchElementException:
            logging.error('login Fail!')
            self.getScreenShot('login Fail')
            return False
        else:
            logging.info('login success!')
            self.logout_action()
            return True
    #封装退出流程
    def logout_action(self):
        logging.info('=========logout_action==========')
        #单击"设置"按钮
        self.driver.find_element(*self.settingBtn).click()
        #单击"退出"按钮
        self.driver.find_element(*self.logoutBtn).click()
        #单击"确定"按钮
        self.driver.find_element(*self.tip_commit).click()



if __name__ == '__main__':
    driver = Appium_desired()
    l = LoginView(driver)
    #成功的用例测试
    #l.login_action('***侠 999', 'ksqb0177375')
    #失败的用例测试
    l.login_action('***侠 999', '6666')
    l.check_loginStatus()
```

5.5.4 对测试数据进行封装

使用 Notepad++编写 jwaccount.csv,复制到 data 目录下,作为测试数据。

```
***侠999,ksqb0177375
zhangsan,123456
lisi,123456
```

封装 CSV 读取的方法(属于公共业务类)。在 Common 包下 common_fun.py 的核心方法如下。

```python
def get_csv_data(self,csv_file,line):
    logging.info('======get_csv_data======')
    with open(csv_file,'r',encoding='utf-8-sig') as file:
        reader=csv.reader(file)
        for index,row in enumerate(reader,1):
            if index==line:
                return rows
```

5.5.5 对测试用例进行封装(以登录功能为例)

使用面向对象的思想重构登录功能的业务代码,产生登录的测试用例。

```python
import unittest
import logging

from businessView.LoginView import LoginView
from common.jwmyunit import StartEnd


class TestLogin(StartEnd):
    csv_file='../data/jwaccount.csv'
    def test_login_111(self):
        logging.info('======test_login_111=====')
        l=LoginView(self.driver)
        data=l.get_csv_data(self.csv_file,1)

        l.login_action(data[0],data[1])
        self.assertTrue(l.check_loginStatus())

    @unittest.skip('skip test_login_222')
    def test_login_222(self):
        logging.info('======test_login_222=====')
        l=LoginView(self.driver)
        data = l.get_csv_data(self.csv_file, 2)

        l.login_action(data[0], data[1])
        self.assertTrue(l.check_loginStatus())
```

```
    def test_login_333(self):
        logging.info('======test login 333=====')
        l = LoginView(self.driver)
        data = l.get_csv_data(self.csv_file, 3)

        l.login_action(data[0], data[1])
#因为预期就是失败的
        self.assertFalse(l.check_loginStatus(),msg='login fail!')

if __name__ == '__main__':
    unittest.main()
```

5.5.6 批量生成报告

批量生成测试报告的步骤如下。

(1) 将 BSTestRunner.py 文件复制到 test_run 目录下。

(2) 编写 jwrun.py 脚本,该脚本用于批量生产报告。

```
import unittest

import time
import logging

#指定测试用例和测试报告的路径
from test_run.BSTestRunner import BSTestRunner

test_dir = '../test_case'
report_dir = '../reports'

#加载测试用例
#discover = unittest.defaultTestLoader.discover(test_dir,
            pattern='test_login.py')
#匹配测试多条用例
discover = unittest.defaultTestLoader.discover(test_dir, pattern='test_*.py')
#定义报告的文件格式
now = time.strftime("%Y-%m-%d %H_%M_%S")
report_name = report_dir + '/' + now + ' test_report.html'

#运行用例并生成测试报告
with open(report_name, 'wb') as f:
    runner = BSTestRunner(stream=f, title="我的考研帮测试报告", description="我的
            考研帮测试报告")
    logging.info("start run testcase...")
    runner.run(discover)
```

5.5.7 以批处理方式执行测试

在开发过程中每次自动化都要打开 IDE。然而，在脚本开发完成后就不用每次打开了。可以使用 run.bat 脚本（使用 Notepad++打开，必须使用 UTF-8 格式）以批处理方式执行测试。

run.bat 的代码如下。

```
@echo off
d:
cd D:\pythonCoding\jwAppiumtestframework\test_run
C:\Users\jiangwei\AppData\Local\Programs\Python\Python37\python.exe  jwrun.py
```

注意，项目在 IDE（PyCharm）中运行和在命令行窗口中运行的路径是不一样的。在 PyCharm 中运行时，运行路径默认为 PyCharm 的目录与项目所在目录。而在命令行窗口中运行时，运行路径为项目所在目录。在导入包时，会首先从 PYTHONPATH 环境变量中查看包，如果在 PYTHONPATH 中没有包含项目目录的根目录，那么在导入不是同一个目录下的其他项目中的包时会出现导入错误。

解决方案是在 jwrun.py 中加入如下代码。

```
import sys
path='D:\\pythonCoding\\jwAppiumtestframework'
sys.path.append(path)
```

5.5.8 持续集成（以 Jenkins 为例）

本节说明持续集成的概念及执行持续集成测试的方式。

持续集成是一种软件开发实践。团队开发成员经常集成他们的工作，每个成员每天至少集成一次，这就意味着每天可能会发生多次集成。每次集成都通过自动化的构建（包括编译、发布、自动化测试）来验证，从而尽早地发现集成错误。

从 Jenkins 官方网站下载 Jenkins 并安装。下载后将其安装到指定的路径即可。默认启动页面为 localhots:8080，如果 8080 端口被占用，无法打开，则可以进入 Jenkins 安装目录，找到 jenkins.xml 配置文件并打开，修改端口号即可。

```
<arguments>-Xrs -Xmx256m -Dhudson.lifecycle=hudson.lifecycle.
WindowsServiceLifecycle -jar "%BASE%\jenkins.war" --httpPort=8080
--webroot="%BASE%\war"</arguments>
```

在 Jenkins 下新建项目，进行定时构建。Jenkins 定时构建语法如下。

```
* * * * *
```

（五颗星，中间用空格隔开）

具体含义如下。

第 1 个*表示分钟，取值范围是 0~59。

第 2 个*表示小时，取值范围是 0~23。

第 3 个*表示一个月的第几天，取值范围是 1~31。

第 4 个*表示几月，取值范围是 1~12。

第 5 个*表示一周中的第几天，取值范围是 0~7，其中 0 和 7 代表的都是周日。

例如，如果要在每天 9 点和 17 点（朝九晚五）各构建一次，则需要在"构建触发器"选项组中进行相应设置，如图 5-4 所示。

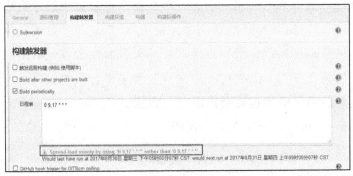

图 5-4　在每天 9 点和 17 点各构建一次

如果要在其他项目构建后触发，则勾选 Build after other projects are built 复选框，并在 Projects to watch 文本框中填写项目名称，具体设置如图 5-5 所示。

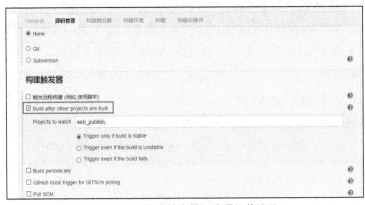

图 5-5　"构建触发器"选项组的设置

设置完成后，单击"立即构建"按钮就可以完成触发操作。